女装打板隐技术

鲍卫兵　编著

东华大学 出版社

·上海·

内容简介

打板隐技术也称暗技术，就是纸样师在实际工作中不愿意公开或者由于难以描述而难 以公开的心得体会和经验。

本书对这种类型的经验进行了全面的总结和分析。

本书内容分两部分，前半部分主要是阐述女装打板的基本理论、基本型和由基本型向时装款式的演变方法和步骤。其中，对于女装打板基本知识、基本手法、基本结构和技能中读者常见的问题和关注的话题做了解答和分析，力求初学者和服装爱好者都能看懂，后半部分则分析和阐述正确认知工业制板理念、实际问题处理方法和技巧，以及下装款式、上装款式、背带裤款式、连身裤款式、牛仔款式和落肩款式的实例，本书适合有一定打板工作经验的读者阅读。

图书在版编目(CIP)数据

女装打板隐技术/鲍卫兵编著. —上海：东华大学出版社,2021.1
ISBN 978 - 7 - 5669 - 1817 - 8

Ⅰ. ①女… Ⅱ. ①鲍… Ⅲ. ①女装—服装量裁 Ⅳ. ①TS941.631

中国版本图书馆 CIP 数据核字(2020)第 217347 号

女装打板隐技术
NüZhuang Daban Yinjishu
编著/ 鲍卫兵
责任编辑/ 杜亚玲
封面设计/ Callen
出版发行/ 东华大学出版社
　　　　上海市延安西路 1882 号
　　　　邮政编码：200051
出版社网址/ dhupress. dhu. edu. cn
天猫旗舰店/ http://dhdx. tmall. com
经销中心/ 021 - 62193056　62373056　62379558
印刷/ 苏州望电印刷有限公司
开本/ 889mm×1194mm　1/16
印张/ 21.75　　字数/783 千字
版次/ 2021 年 1 月第 1 版
印次/ 2021 年 1 月第 1 次印刷
书号/ ISBN 978-7-5669-1817-8
定价/ 78.00 元

序

打板隐技术也称暗技术,就是纸样师在实际工作中不愿意公开或者由于难以描述而难以公开的心得体会和经验。

本书对这种类型的经验进行了全面的总结和分析。

本书分两部分。前半部分主要阐述女装打板的基本理论、基本型和由基本型向时装款式演变的方法和步骤。其中,在女装打板基本知识、基本手法、基本结构和技能方面,对读者常见的问题和关注的话题做了解答和分析,力求初学者和服装爱好者都能看懂。后半部分则分析和阐述如何正确认知工业制板理念、实际打板工作中的问题处理和打板技巧,以及下装款式、上装款式、背带裤款式、连身裤款式、牛仔款式和落肩袖款式的板型问题处理实例,适合有一定打板工作经验的读者阅读。

另外,笔者之前出版的书中已经介绍过的内容,除了特别需要的部分也收录在本书中,其他尽量不重复收录。

其中,在女装打板线条研究这一章中,对服装纸样中的线条形状和规律进行了研究和分析。

本书还提出了一个新理念,就是所有基本型仅仅是相对规范、相对固定和相对程式化的图形,如果想得到尺寸适中、结构合理、造型优美的好板型,就需要不断地调整和修改,这是获得高级板型的唯一正确途径。

因此,当我们真正了解了"修改纸样是正常现象,反复调整是获得好板型的唯一途径"这个事实真相后,才会理直气壮、光明正大地去修改板型,而不会被诸如"一板成型,一步到位"之类的说法所动摇,所疑惑,更不会因为需要修改就怀疑自己的思路是否正确、技术是否高明、学艺是否精湛,就不会钻牛角尖,不会不得其解,不会有太多的焦虑。

被动地进行修改和主动地进行修改,两者心态不一样。最终的结果也会不一样。主动修改是满怀热情和希望的,被动修改是满腔怨气和敷衍的。主动进行修改是积极地寻找机会希望有更多的修改次数,从而使板型更美观。虽然这样的修改有时候不被人理解,但是只要最终的结果完美,就是值得的。

很多有一定打板经验的板师希望自己的技术能得到提高,而只有明白了反复修改是得到好板型的唯一方法这个理念,自己的技术才会得到根本性的提高,才会看到立竿见影的效果。

试想一下,如果我们掌握了这些技术和理念,并且能够熟练运用,那么对于女装打板工作,还有什么畏难情绪吗?本书还列举了41款时装款式实例,以供读者参考。

笔者并不希望这些技术仅仅是少数人知道的"秘诀",而是希望更多的朋友能掌握这些技术,能够明白服装工业打板技术的奥秘。

　　许久以来，众多的服装爱好者、打板人员对于服装打板技术和原理，其实并不很清楚，只能按照老师教的套路生搬硬套，有的只能自己慢慢摸索。现在，我们把工作中的实际经验整理出来，并且公开发表，希望对大家的学习和实际工作能够有所帮助。

鲍卫兵

2020 年 5 月 25 日于深圳南山

目 录

第一章　服装打板基本理念和技能

第一节　注重动手能力,培养手感思维和体会思维

在传统观念中,从事服装制作以及众多的手工技术人员被称为手艺人。顾名思义,手艺人是非常注重手感思维的。很多经营布料生意的人,只需要用手捻一下布料,就可以知道这块布料的成分、质地、等级等。打板也是这样的,有的板师可能没有太高的学历,也不会讲出太高深的理论,但是只要他把打板尺和笔拿在手中,就能左右逢源,得心应手。

手感思维说明手是有记忆和应变能力的,这种能力可以不经过逻辑思维,直接进行应变和应急反应。

因此,打板学习者和服装爱好者朋友要勤于动手,主动动手,动手去做就会有体会和努力的方向,然后不断地去调整思路,总结经验,就会越做越顺手。

这不是把打板引向玄学,而是一种新思维。勤于动手,会使你更快地进入实战状态,找到真实不虚的体验。

第二节　百分比计算法

1. 传统十分比计算法与百分比计算法的区别

通过大量的实践证明,衣上装的各个部位和胸围之间都存在一定的比例关系,下装的各个部位和臀围之间存在一定的比例关系。过去,我国都是以十分比来计算的。但是十分比存在很大的误差,需要用调节量来调整,于是出现了例如 B/10+3 这样的公式,这个公式里面有英文、有除号、有加号、有数字,比较难记,给初学者带来很大的障碍。而百分比是把胸围两等分,即半胸围,再把半胸围分成一百等分,那么每一等分的数值就很小(注意:胸围尺寸不包含省去量)。

这样的比例值就不需要加调节量,例如后背宽的百分比值为 39%,胸围是 92cm,就是用半胸围 46cm 除以 100=0.46cm,这个 0.46cm 就是半胸围的一百分之一,后背宽就用 0.46cm×39=17.94cm,同样的原理,前胸宽 35.5% 就是 0.46cm×35.5=16.33cm,学习者只要记住 39 和 35.5 这两个比值就可以打板了,见图 1-1。

如果胸围数值发生变化,仍然以半胸围的百分之一乘以比值,例如胸围是 100cm,半胸围就是 50cm,半胸围的百分之一就是 0.5cm,0.5×39=19.5cm,0.5×35.5=17.75cm。

这样就真正达到了数字化,不再需要公式了,方便快捷。

十分比和百分比的基本原理是相同的,区别就是百分比更加精确。

另外需要注意的是,百分比的数值也可以进一步针对不同的服装风格和客户喜好进行适当调整,例如在有的情况下前胸宽可以减少到 36%,后背宽可以减少到 38%,还有就是比较肥胖和比较消瘦的体型,前胸宽和后背宽肯定也会有所改变,总之,可以根据实际情况灵活运用,见图 1-1。

百分比还有一种用小数的表达形式,见图 1-2。

曾经有打板师傅试图全部采用百分比的方法进行绘图,但是这种方法换算比较繁琐,最终没有得到推

广和普及，其实我们只需要对前胸宽和后背宽采用百分比计算就可以了。

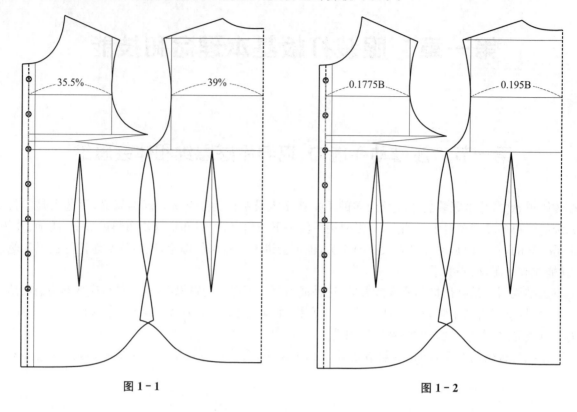

图 1 - 1   图 1 - 2

2. 怎样推算出某个部位的百分比值是多少？

推算某个部位的百分比值的方法是，当前部位的数值除以半胸围的百分之一，就得到这个部位的百分比值了。

例如，现在希望知道后领横（注：也称横开领，指领圈横向距离，后同）的百分比值是多少，已知半胸围是 47cm，半胸围的百分之一是 0.47，后领横是 8cm，那么用 8 除以 0.47 约等于 17.02，即为后领横的百分比值。

一般情况下，不需要记忆太多的百分比值，只需要记住前胸宽和后背宽的百分比值。

第三节　为什么没有袖窿深的计算公式

很多读者朋友问：为什么你的书中没有袖窿深的计算公式？在我国传统的裁剪法中，必须要有袖窿深的公式后中数值，否则无法进行打板，而南方的板师有相当一部分确实是不需要袖窿深公式的，这是因为南方很多看样衣打板或者是看制单打板，先要确定袖窿尺寸，如果先确定了袖窿深，那么前后袖窿的尺寸就无法算准了，连偶然巧合的机会都没有，所以先确定袖窿深的方法就无法使用了，而先确定袖窿弧线的长度的绘图方法，对于北方的一些板师来说，则是非常不可思议的。

举个例子。下面是一个广州某服装公司的制单，其中的袖窿尺寸是 45cm。

广州 XXX 服饰有限公司生产制单		
款式：女衬衫　款号：LS17235	数量：135	供应商：
颜色：黑	季节：春	货期：

续前表

尺码 部位	36	38	40	42	日期:
后中长		62			
前胸宽					
后背宽					
胸围		96			
腰围		94			
脚围		106			
肩宽		38.6			
袖长		63			
克夫	(扣合)	20			
袖肥		32			
袖隆		45			

大 货 下 单 分 配 数			
36	38	40	42
30	53	38	14

供应商	面料编号	数量(码)	说明
日升昌	A1061－黑色	223	
阅尚纺	A1027－1♯	32	
通润	T/C棉－63	18	

第一步,画 64.5cm×23cm 的矩形框,见图 1-3。

第二步,画后领横 7.5cm 和后领深 2cm,并且连接调顺后领圈线条,见图 1-4。

第三步,画出后肩斜,见图 1-5。

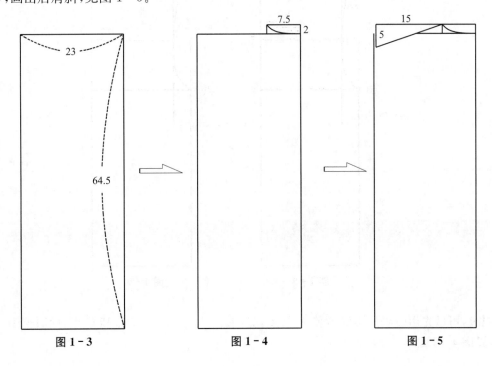

图 1-3　　　　　　　　　图 1-4　　　　　　　　　图 1-5

第四步,画出后背宽和后肩宽,见图1-6。

第五步,根据胸围尺寸推算出前后袖窿尺寸,连顺A、B、C三个点,调节后袖窿线条的形状。注意,C点的位置是灵活的。可以根据实际需要,上下移动C点位置,以调节后袖窿线条的长度,完成后袖窿线条,见图1-7。

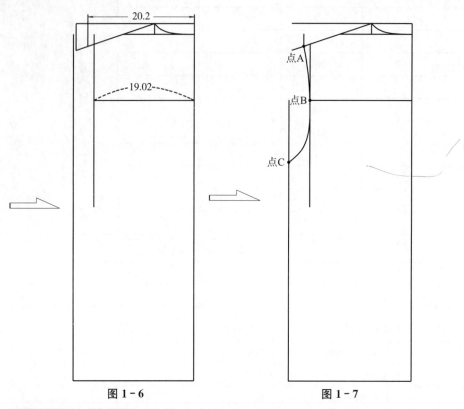

图1-6   图1-7

第六步,调节好后袖窿线条的形状,见图1-8。

第七步,以点C画出一条上平线,就是袖窿深的线条,同时也是胸围线的线条,见图1-9。

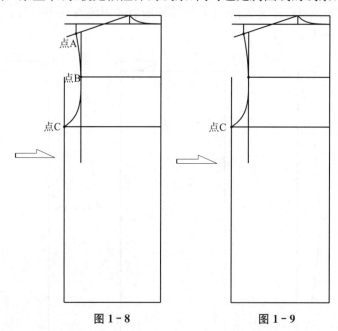

图1-8   图1-9

手工绘图时,可以先用放码尺连接A点和B点,见图1-10,再连接B点和C点,同时调节并控制线条弯度和长度,见图1-11。

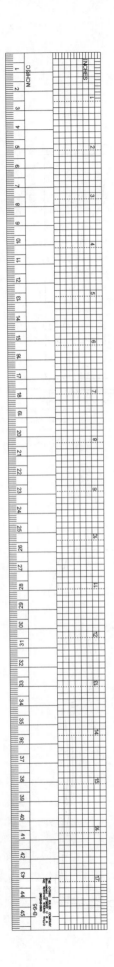

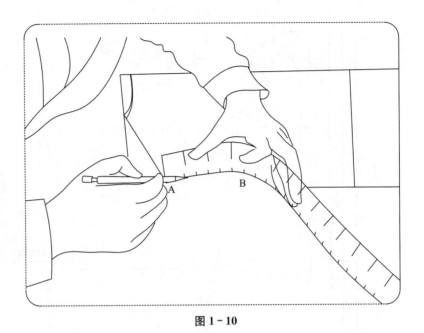

图 1 - 10

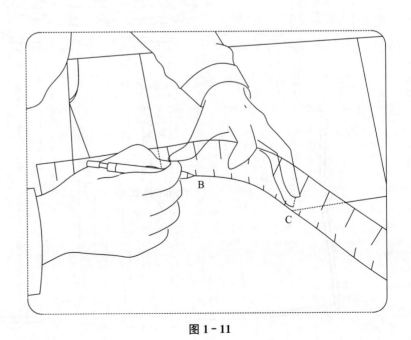

图 1 - 11

结构全局见图 1-12。

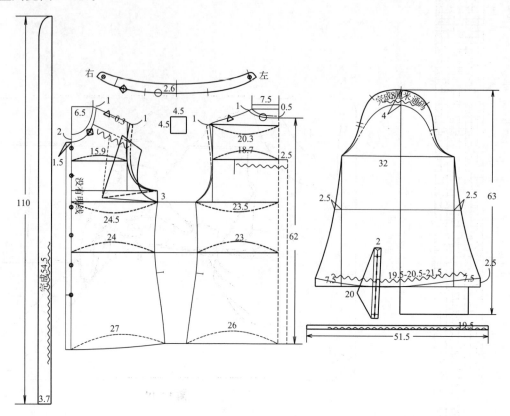

图 1-12

完成后的全部裁片见图 1-13、图 1-14。

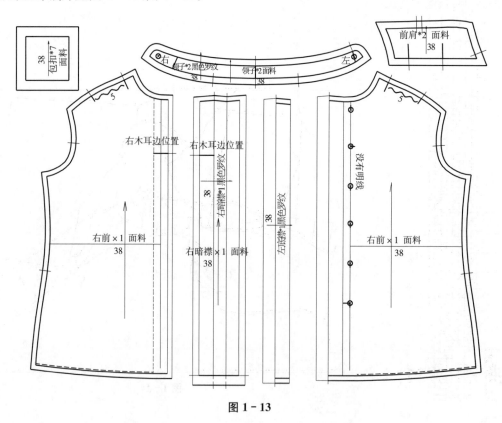

图 1-13

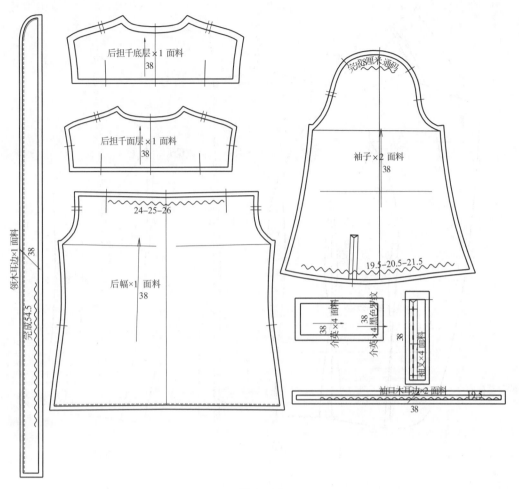

图 1 - 14

通过百分比和十分比计算法的对比,可以看到工业打板法和传统量体裁衣法之间的区别。传统的量体裁剪师傅都是采用公式法先确定袖窿深的,至于袖窿尺寸的要求,并不是很严格,有点误差可以在缝制过程中进行灵活处理,只要不是过分的偏小或者偏大,都是可以接受的。工业纸样则需要对袖窿尺寸进行非常精确的计算。

多数思维敏捷的朋友了解两者的原理后,可以灵活地运用两种不同的方法,而初学者则需要解放思维,善于领悟和接受新生事物。因此,学习者如果按照自己的习惯先计算袖窿深,也没有关系,只是需要适当调节袖窿深度以减少袖窿尺寸的误差。如果有兴趣接受一些新观念和新技巧,也是非常有益的。

第四节　什么是省去量

省去量是指服装制图中存在的空间数值,但是裁片拼合后,这个空间就消失了。例如图 1 - 15 所示的这款西装结构图中,省去量 a 和省去量 b 在拼合后就没有了。但是,为了让服装完成后达到需要的尺寸,需要在制图之前就加入一定的省去量(注意:在使用百分比计算前胸宽和后背宽的时候,胸围尺寸是不包含省去量的)。

衬衫的省去量见图 1 - 16。

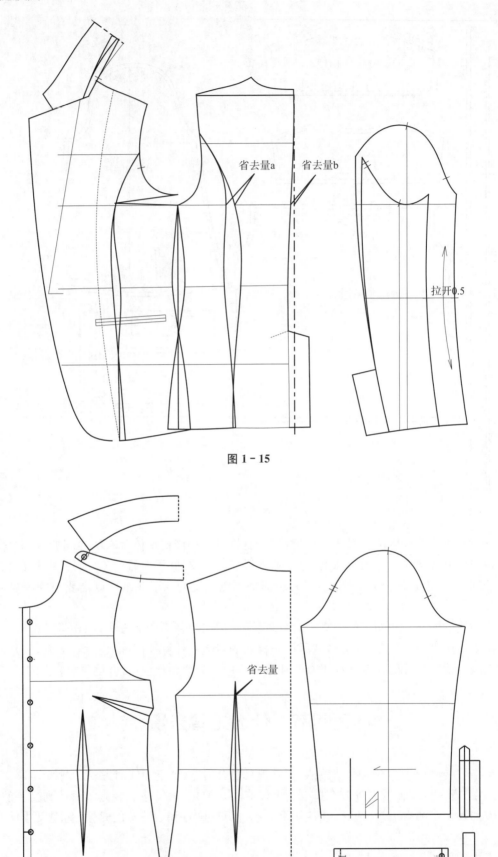

省去量a　省去量b

拉开0.5

图 1 - 15

省去量

图 1 - 16

第五节　基本型

服装基本型也称原型和母型,是经过规范化、便于记忆、相对稳定的图形结构和数据组合。但是,世界上没用绝对统一的原型。每个打板师傅都有自己得心应手的原型。每个人在不同年龄段,体形都会有所不同。因此,原型仅仅是相对稳定的图形,可以根据实际情况进行调节和演变。

第六节　领横为什么不能直接放大

在打板工作中,基本领横和领深值往往只作为参照。实际操作中领横一般都有不同程度的放大,领深也会加大,在领横加大时,我们要在肩斜线上将肩斜放大,而不是直接加大领横尺寸进行打板。下面是同一尺寸、同一款式的领横加宽的两种制图方法对比,见图 1 - 17～图 1 - 19。

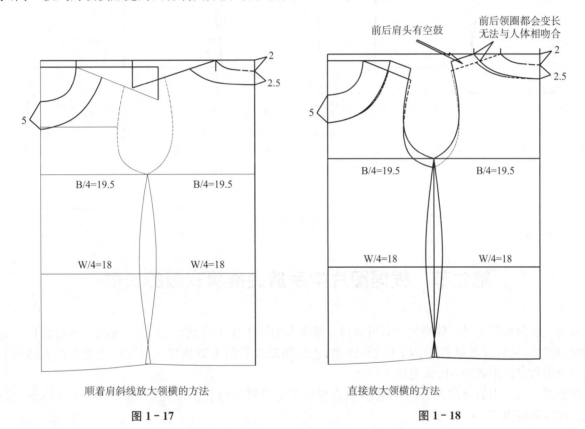

顺着肩斜线放大领横的方法

图 1 - 17

直接放大领横的方法

图 1 - 18

但是,为什么有的时候直接放大领横并没有出现什么问题? 这是因为服装有一定的放松量和包容性。另外,如果偏移量比较小,就不会看出明显差异。但是,我们尽量采取在基本型上进行领横和领深放大的方法。

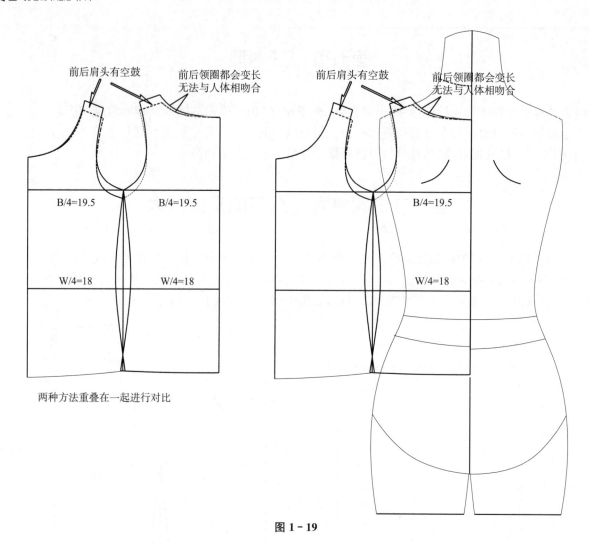

图 1-19

第七节 根据图片中手指尖推算衣服的长度

服装工业制板需要对人体净尺寸有所掌握。笔者在实际工作中发现,除了用常规的人体数值作为打板绘图参照以外,从肩颈点到手指中指尖这段距离,也是判断衣长的重要依据。标准中码的女性人体从肩颈点到手指中指尖的距离为 81cm,见图 1-20。

例如图 1-21 中的这款西装,可以估算出衣摆位于中手指尖向上 6cm 左右,那么 81-6=75cm,因此,前衣长可以确定为 75cm。

再例如图 1-22 中的这款白棉布衬衫裙,可以估算到手指尖距离前下摆约 10cm,那么前衣长就可以确定为 81+10=91cm。

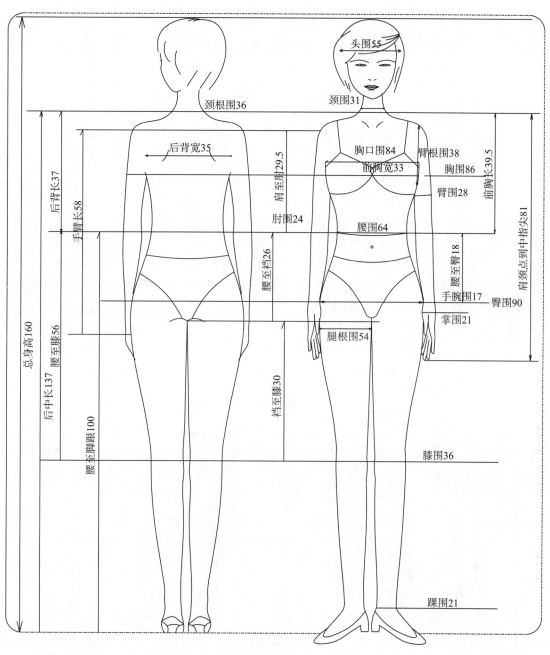

图 1-20

图 1 - 21

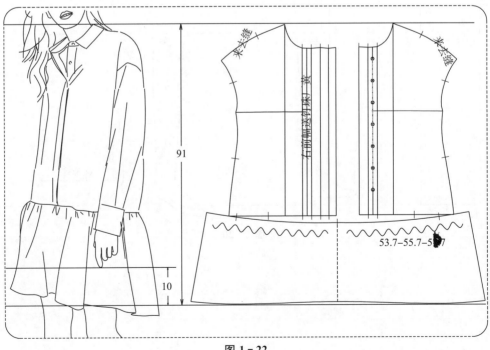

图 1 - 22

第二章　服装是怎样做成的

本章展示了一系列照片,尽量保持未修饰的原始状况,展示服装制作的方方面面实际情景,使大家对服装的制作有一个清晰的了解。

第一节　我国传统的量体裁衣

图2-1～2-7是传统量体裁衣部分图片。

传统裁缝铺

图2-1

家用缝纫机

图2-2

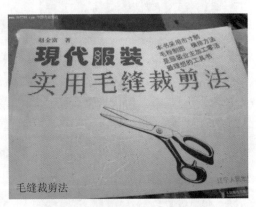

毛缝裁剪法

图2-3

缝制

图 2-4

毛缝绘图①

图 2-5

毛缝绘图②

图 2-6

毛缝裁剪

图 2-7

第二节　服装的工业批量生产

服装的工业批量生产过程见图 2-8～图 2-17。

裁床拉布①

图 2-8

裁床拉布②

图 2-9

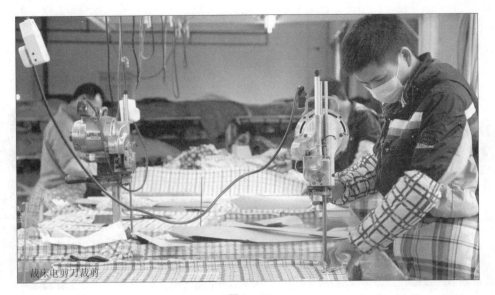

图 2 - 10

图 2 - 11

图 2 - 12

图 2 - 13

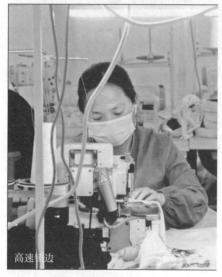

高速锁边

图 2 - 14

整烫

图 2 - 15

手工排料①

图 2 - 16

样衣裁剪②

图 2 - 17

第三节　计算机绘图、推板、输出技术

计算机绘图、推板、输出见图 2 - 18～图 2 - 21。

计算机绘图与排料

图 2 - 18

绘图仪

图 2 - 19

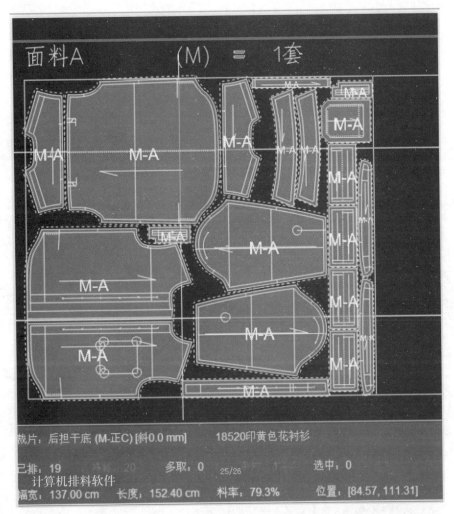

图 2 - 20

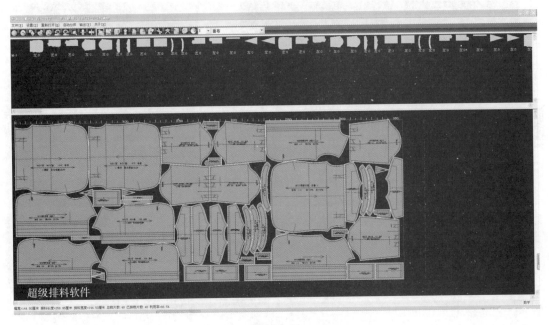

图 2 - 21

第四节　服装生产相关设备

服装生产相关设备见图2-22～图2-33。

套结机

图2-22

平眼机

图2-23

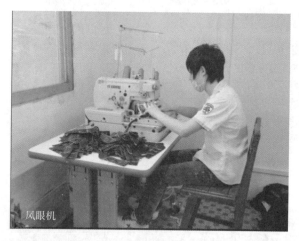

凤眼机

图2-24

钉扣机

图2-25

包捆条

图2-26

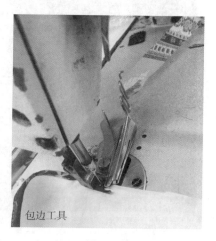

包边工具

图2-27

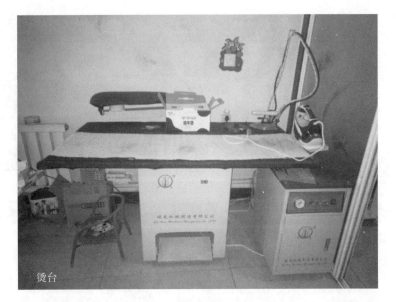

图 2 - 28

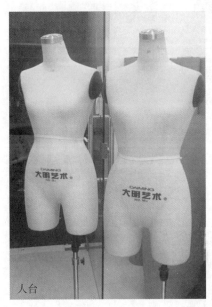

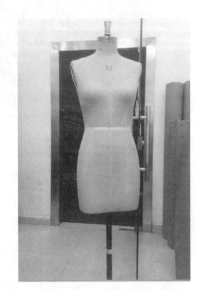

图 2 - 29

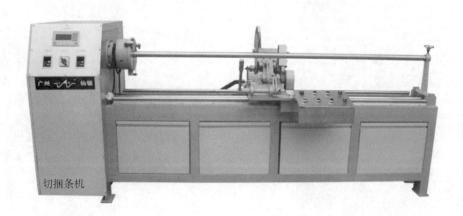

图 2 - 30

压排褶机

图 2 - 31

压立体褶机

图 2 - 32

压褶效果

图 2 - 33

第五节　服装材料

服装材料见图 2 - 34～图 2 - 50。

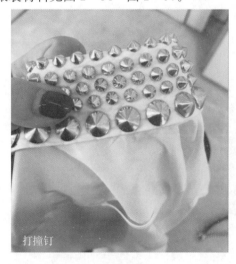

打撞钉

图 2 - 34

心形钮扣

图 2 - 35

对钩

图 2 - 36

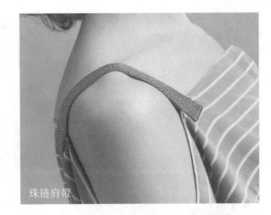

珠链肩带

图 2 - 37

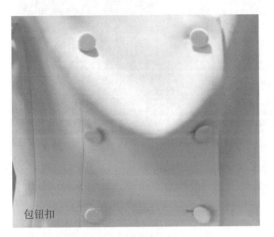

包钮扣

图 2 - 38

手钉裤钩

图 2 - 39

罗纹领子

图 2 - 40

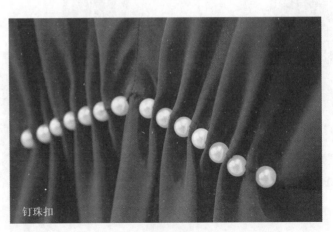

钉珠扣

图 2 - 41

打揽

图 2 - 42

激光烧花

图 2 - 43

亮片①

图 2 - 44

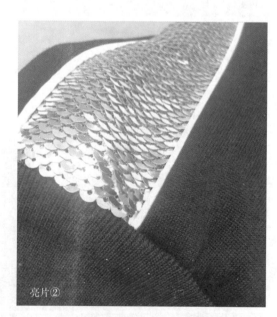

亮片②

图 2 - 45

特种珠花①

图 2 - 46

特种珠花②

图 2 - 47

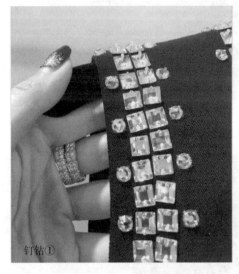

钉钻①

图 2 - 48

钉钻②

图 2 - 49

织带蝴蝶结

图 2 - 50

第六节　印花和绣花

印花和绣花见图 2-51~图 2-54。

图 2-51

图 2-52

机器批量绣花①

图 2 - 53

机器批量绣花②

图 2 - 54

机器绣花效果

图 2 - 55

第七节　服装销售市场

服装销售市场见图 2 - 56～图 2 - 58。

服装批发市场①

图 2 - 56

服装批发市场②

图 2 - 57

服装批发市场③

图 2 - 58

第八节 服装面辅料市场

服装面辅料市场见图2-59～图2-62。

服装面料市场①

图2-59

服装面料市场②

www.excelguangzhou.com

图2-60

面料商铺

图2-61

辅料商铺

图2-62

第三章　女装款式基本型

学习打板技术,先需要把基本型进行反复的练习,一直到非常熟练的程度。无论时装怎么变化,都是在基本型上进行演变。只有熟练快速地画出基本型,才能进行演变。初学者不要贪求画太多的新款,一定要把基本功练好,然后再学习变通和演变方法。

我们画图的思路是,先画出矩形框、横向线和纵向线,这样就把总体框架建立好了。然后根据需要画前、后片,最后画领子、袖子和其他小部件,这样整个思路就比较清晰明朗,不会产生无序和混乱。

工业制板的方法和传统裁剪绘图有一点区别,就是工业制板画上衣的时候是先画后片,再画前片,最后画领子、袖子和小部件,而传统裁剪绘图法是相反的,即先画前片,再画后片。这个问题,其实也可能是绘图习惯造成的。只要稍加练习和总结两者的规律,就可以互相切换,灵活运用了。

第一节　单省平腰短裙

1. 款式特征

此款直腰,整体呈 A 型,前、后左右各有一个腰省,左侧装隐形拉链,里面安装不封闭的里布,见图 3-1。

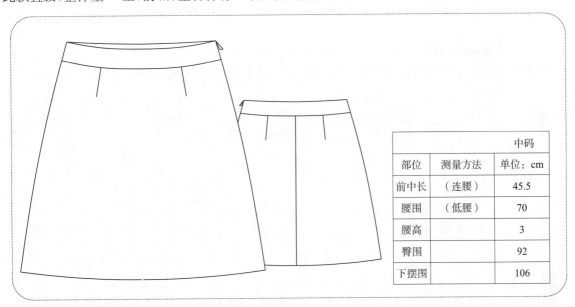

		中码
部位	测量方法	单位：cm
前中长	（连腰）	45.5
腰围	（低腰）	70
腰高		3
臀围		92
下摆围		106

图 3-1

2. 矩形框、横向线和纵向线

按照图 3-2 数值画矩形框。用臀围的一半 46 为宽度,用前中长 45.5-3=42.5 画出一个矩形框。
画横向和纵向线。
其中横向线:
(1)起翘线,是从上平线向上画 1.2cm 的平行线。

(2)臀围线是从上平线向下画 16.5cm 的平行线。

纵向线是在半臀围的 1/2 处画的一条竖线。

3. 前片

按照图 3-3 中的数值画前腰。前腰的长度计算方法是,腰围的四分之一即 70/4＋0.5＋前省 2＝20cm,从前中上端连接到起翘线上。

画前侧缝。连接 A、B、C 三个点,然后把线条调顺作为前侧缝线(前后分界线),见图 3-3。

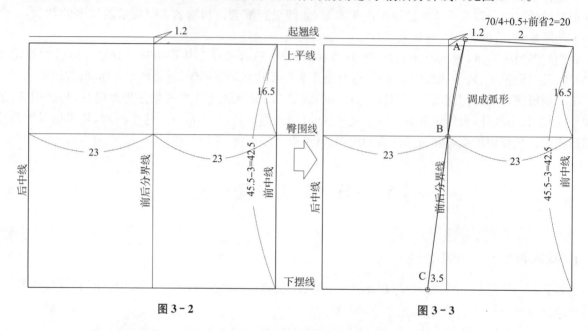

图 3-2   图 3-3

按照图 3-4 中的数值画前省。在前腰线上画省量 2cm、长度 10.5cm 的前省。

画前下摆线,注意侧摆处要接近 90°角,然后把下摆线条和前腰线条调成弧形,见图 3-5。

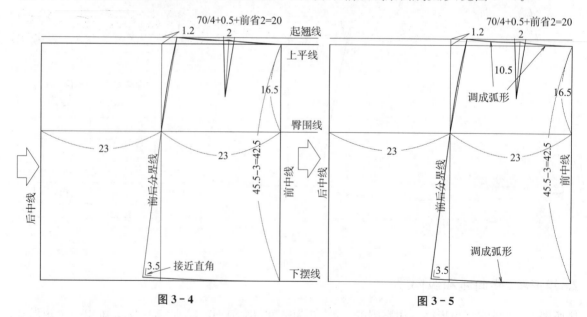

图 3-4   图 3-5

4. 后片

按照图 3-6 所示数值画后腰线、后侧缝线和后下摆线。可以把前腰线、前侧缝线和后下摆线镜像到后片上,然后把后中上端下降 1cm。

画后腰省。在后腰线上画省量 3cm、长度 11.5cm 的前省,然后调节各部位线条,见图 3-7。

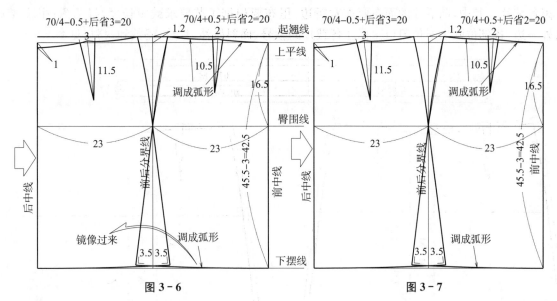

图 3-6　　　　　　　　　　　图 3-7

5. 裙腰和结构全局图

按照图 3-8 所示数值画出裙腰、扣子、扣眼。

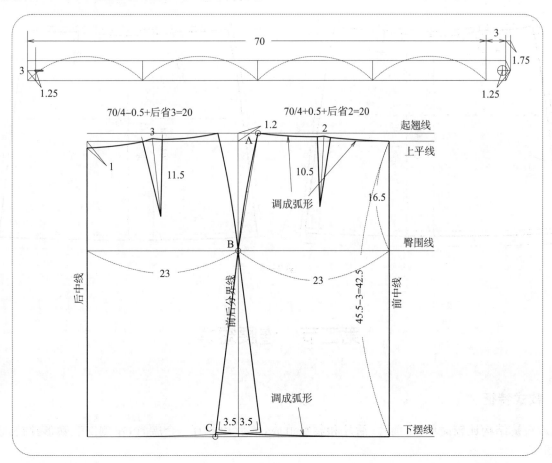

图 3-8

6. 完成后的全部裁片

分离各裁片。其中,前后片的面布要加宽折边,里布要根据工艺要求减短长度,打活褶;裙腰要画出对称的另外一边,各部位画出对位刀口。标注各裁片的款号、面料属性、片数、码数和衬料,见图3-9。

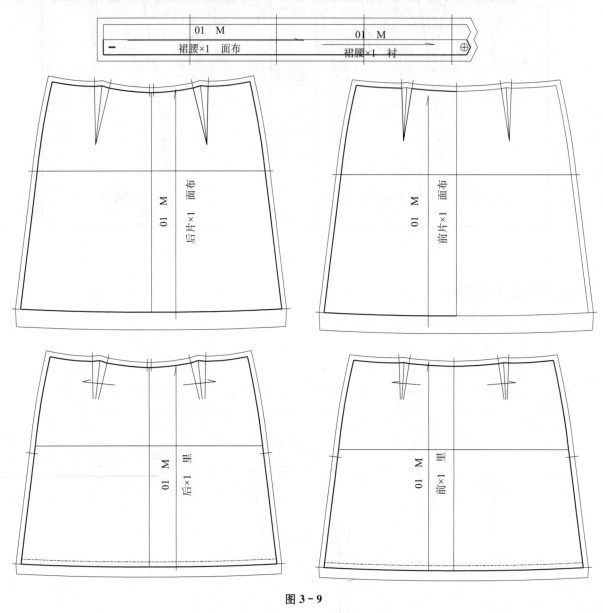

图 3-9

第二节　连腰短裤

1. 款式特征

这款短裤结构比较简单,由前片、后片和腰贴组成,前后片各有一个腰省,左侧安装隐形拉链,没有里布,见图3-10。

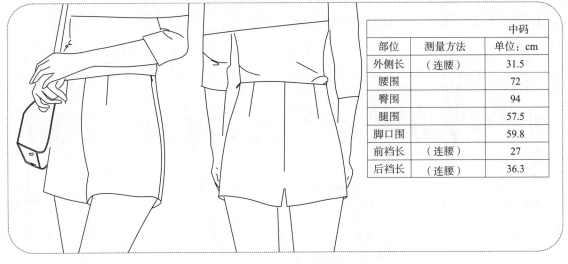

		中码
部位	测量方法	单位：cm
外侧长	（连腰）	31.5
腰围		72
臀围		94
腿围		57.5
脚口围		59.8
前裆长	（连腰）	27
后裆长	（连腰）	36.3

图 3－10

2. 矩形框及各纵、横向线

以前裆长 27 减去调节量 1cm 为高度，以臀围的 1/4－0.5＝23cm 为宽度画矩形框，见图 3－11。

画出三条横向线，分别是：

起翘线是从腰围线向上 1cm 画的平行线。

臀围线位于矩形框高度的 1/3 处。

见图 3－12。

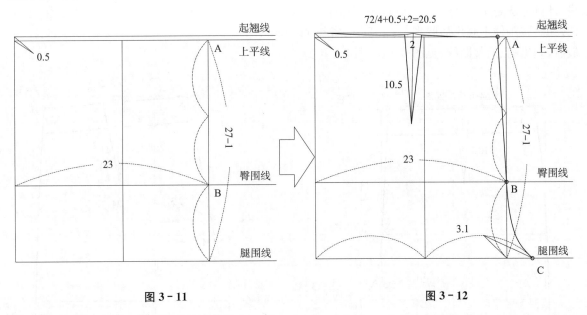

图 3－11　　　　　　　　　　　　　　**图 3－12**

3. 前片

（1）前龙门宽。把前腿围线向右延长 3.1cm，作为前龙门宽。

把 A 点劈进（注：指向裁片内偏移少量数值，后同）1cm，连接 A、B、C 三个点，画出前裆线，见图 3－13。

（2）前腰围。前腰围的计算方法是，腰围的四分之一即 72/4＋0.5＋前省 2＝20.5cm，在前腰围线上画出省量 2cm、省长 10.5cm 的前腰省。

连接 E、F 两点，适当调弯后延长到外侧长度 31.5cm，下端为 G 点。

连接 D、F 两点，适当调弯后作为前脚口线，见图 3-14。

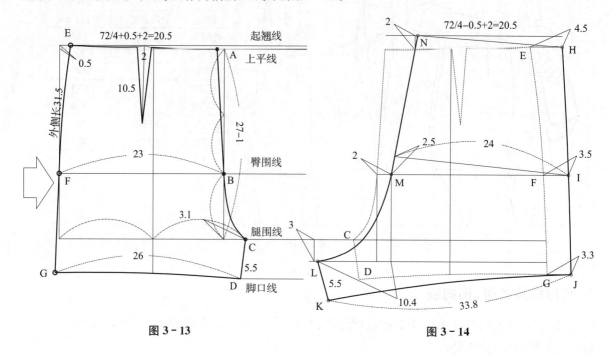

图 3-13
图 3-14

4. 后片

（1）在前片的基础上确定七个点，分别是 H、I、J、K、L、M、N，连接各点之间的线条，其中线段 HN 是后腰围线，计算方法是 $72-4-0.5+$ 后省 $3=20.5$。

（2）在后腰围线上画出后腰省，省量 3cm，省长 11.5cm。

最后，画出前、后腰贴线，见图 3-15，图 3-16。

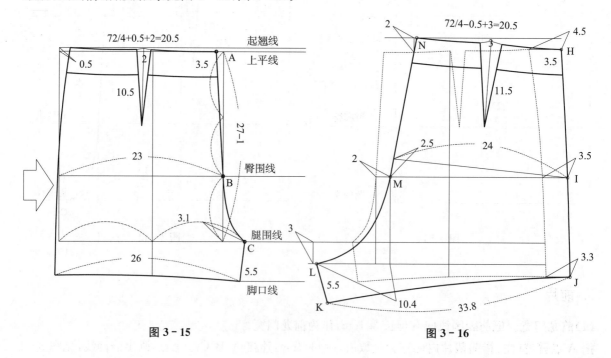

图 3-15
图 3-16

5. 结构全局(图 3 - 17)

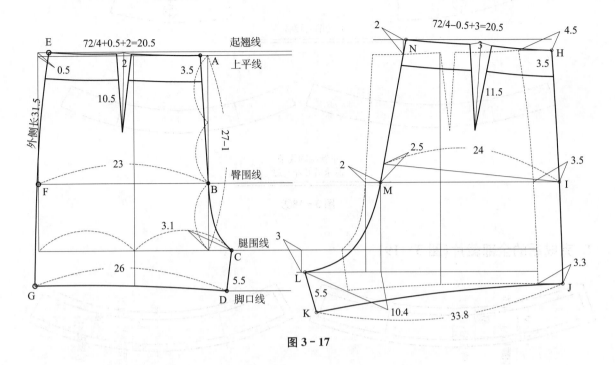

图 3 - 17

6. 提取前、后腰贴,对接前、后腰省(图 3 - 18)

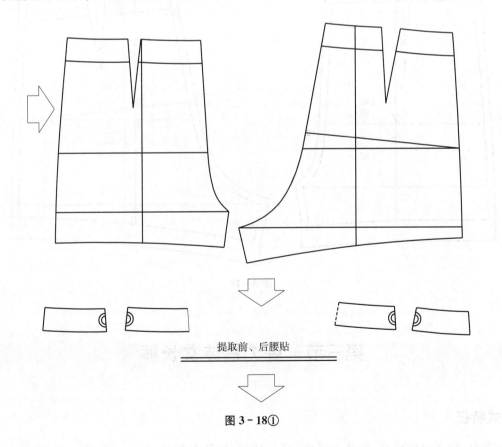

提取前、后腰贴

图 3 - 18①

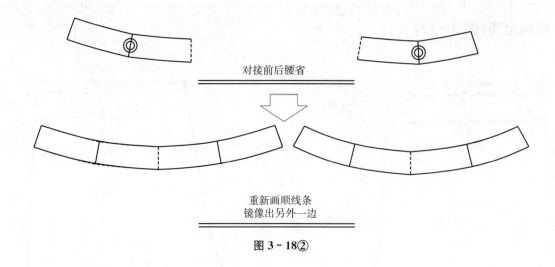

对接前后腰省

重新画顺线条
镜像出另外一边

图 3 - 18②

7. 完成后的全部裁片 (图 3 - 19)

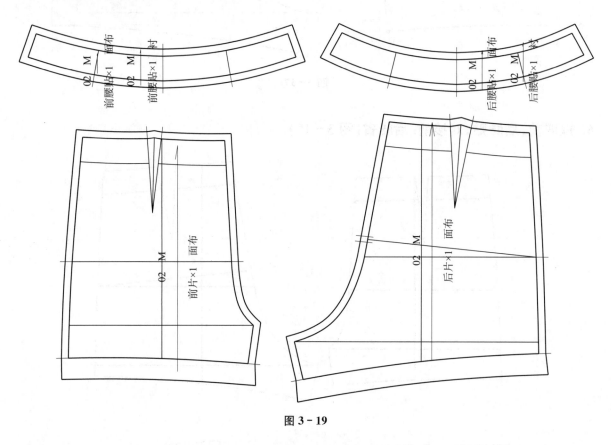

图 3 - 19

第三节　弹力合体女长裤

1. 款式特征

面料有弹力,款式比较紧身,前片无腰省,有斜插袋,后片有腰省,开"一"字形口袋,前左装拉链,有裤襻,见图 3 - 20。

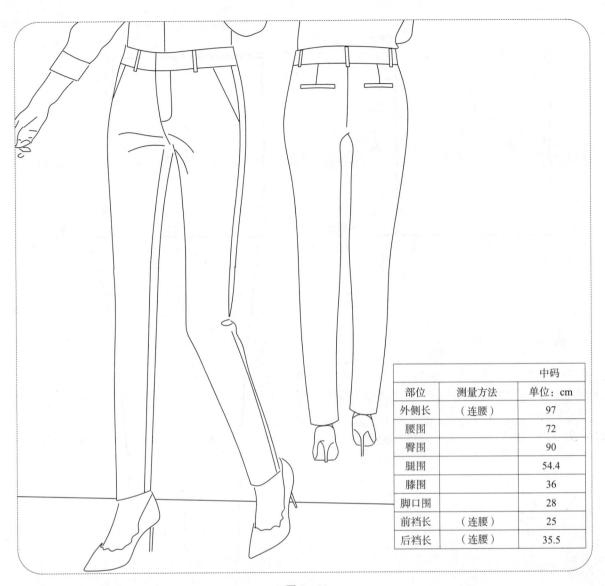

		中码
部位	测量方法	单位：cm
外侧长	（连腰）	97
腰围		72
臀围		90
腿围		54.4
膝围		36
脚口围		28
前裆长	（连腰）	25
后裆长	（连腰）	35.5

图 3－20

2. 矩形框和纵、横向线（图 3－21）

用前裆长 25cm 减去调节量 1cm 等于 24cm 作为高度，用臀围的 1/4－0.5＝22cm 作为宽度，画矩形框。

画出 3 条横向线，分别是：

起翘线是从腰围线向上 1cm 画平行线。

臀围线位于矩形框高度的 1/3 处。

膝围线位于腿围线向下 30cm 画平行线。

前脚口线位于起翘线向下 97cm 画平行线。

3. 前裆、前腰和前腰省（图 3－22）

把前腿围线向右延长 3cm，作为前窿门宽。

把 A 点劈进 1cm，连接 A、B、C 三个点，画出前裆。

画出前腰围，前腰的长度的计算方法是，腰围 72/4＋0.5＋前省 2＝20.5cm，在前腰线上画出省量 2cm、省长 10.5cm 的前腰省。

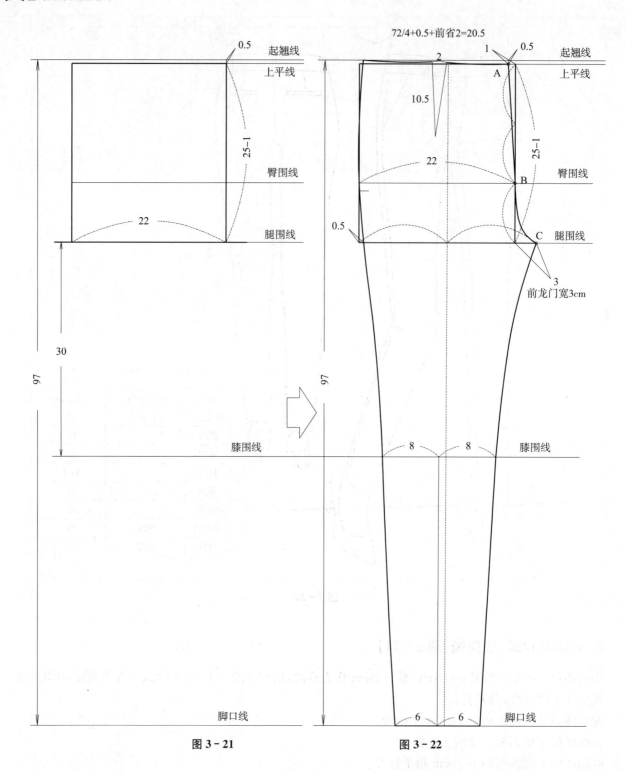

图 3-21   图 3-22

4. 偏中线和前裤腿

关于裤子的偏中线：

传统的裤子画法中，前片的中线是前腿围线的二分之一处，即前腿围的中点处，但是在实际工作中发现，前中线可以适当向外侧少量偏移，一般1～2cm即可，这样做会使臀围外侧线条变得顺直，不会由于弯度太大而产生空鼓，见图3-23。

5. 外侧缝和内侧缝

连接并调顺外侧缝和内侧缝线条，见图 3 - 24。

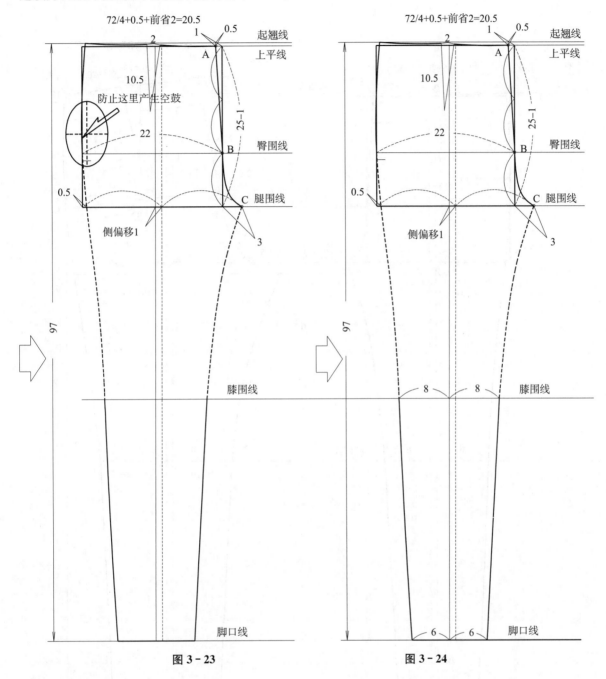

图 3 - 23　　　　　　　　　　　　　　图 3 - 24

6. 在前片基础上画出后片

(1)在前片的基础上确定 D、E、F、G、H、I、J、K、L 点，连接各点之间的线条。其中线段 LD 是后腰围，计算方法是 72/4cm－0.5cm ＋后省 3＝20.5cm。

(2)在后腰线上画出后腰省，省量 3cm、省长 11.5cm，见图 3 - 25。

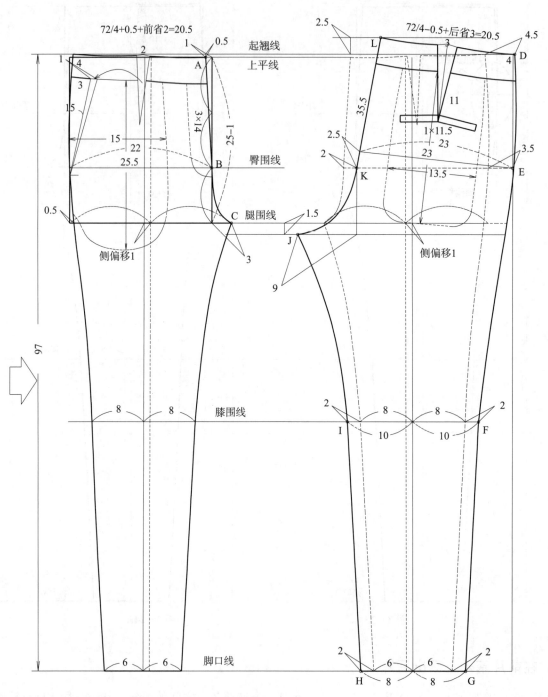

图 3-25

7. 小部件和结构全局图

按照图 3-26 中的数值,画出前、后口袋和袋布。

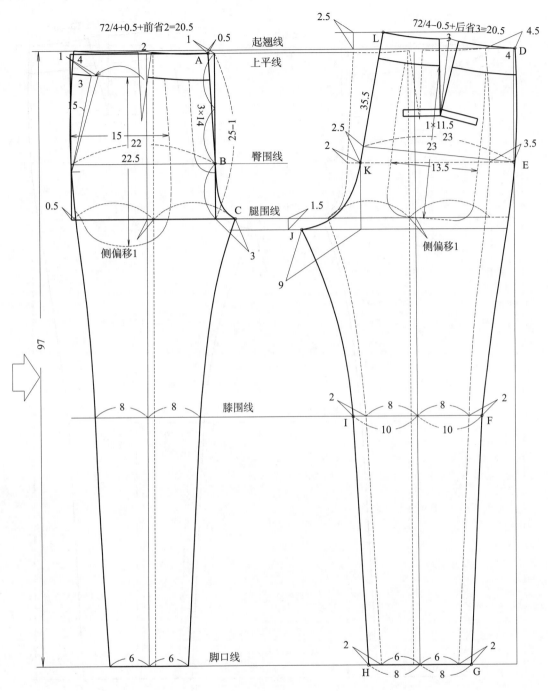

图 3-26

8. 结构全局图(图 3－27)

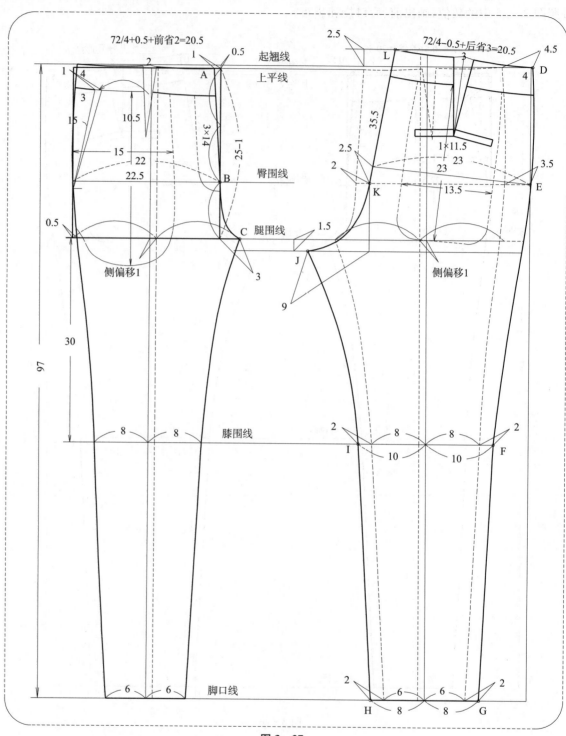

图 3－27

9. 完成后的全部裁片(图 3－28)

10. 裤子裆底可以适当拉伸调节

在实际制板中,裤子裆底线条的尺寸和形状并不是一成不变的,如果试穿时感到前后裆太紧,后中太松,可以通过适当调节裆底线条尺寸和形状来改善,具体方法是直接沿纵向拉伸(注:原指 CAD 打板时选中

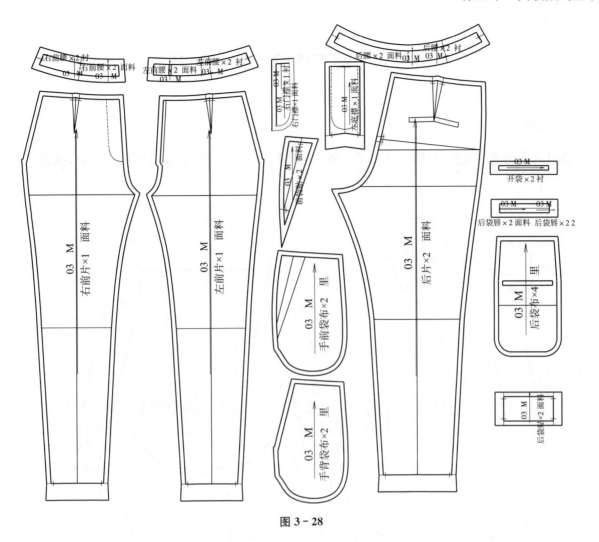

图 3-28

拉伸功能后,用鼠标框选某个区域进行上下左右拉伸,也指部分区域的微量移动,是打板比较常用的一种手法,后同),裆底部、臀围和其他部位不变,见图 3-29。

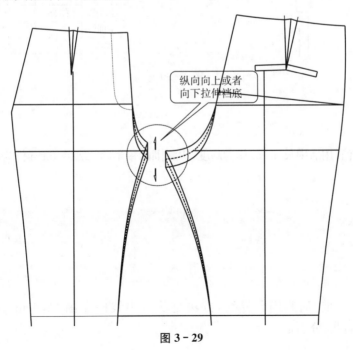

图 3-29

第四节　圆下摆暗门襟女衬衫

1. 款式特征

此款衬衫造型比较合体,有胸省和前后腰省,后背有双层的后育克,袖口宝剑头袖衩,弧形下摆,见图 3 - 30。

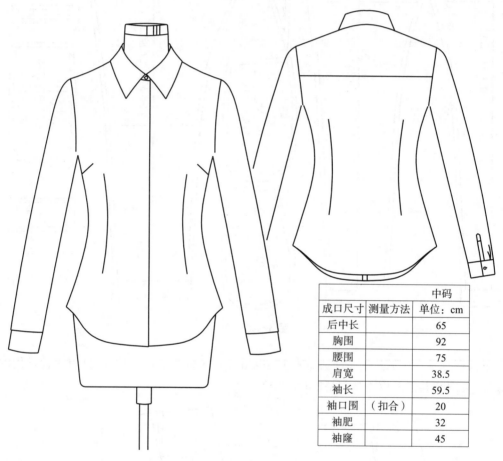

	中码	
成口尺寸	测量方法	单位：cm
后中长		65
胸围		92
腰围		75
肩宽		38.5
袖长		59.5
袖口围	（扣合）	20
袖肥		32
袖窿		45

图 3 - 30

2. 矩形框

按照图 3 - 31 所示数值,用后中长 65cm 作为高度,用胸围的一半即 92/2＝46cm 作为宽度,画矩形框。其中:
左边竖线为前中线。
右边竖线为后中线。
上面横线为后领深线。
下面横线为后中长线。

3. 纵、横向线

先画出中间纵向线,为前、后胸围分界线,方法是从后中线向左画 22.5cm 的平行线(即胸围/4 － 0.5cm)。再画出 6 条横向线,分别是:

(1)后上平线(即后领圈高线)位于后领深线向上2cm。

(2)后背宽线、前胸宽的水平线,位于后领深线向下13cm。

(3)胸围线(即袖窿深线)暂时不确定。

(4)腰围线,位于后领深线向下37cm。

(5)前上平线,位于后上平线向上0.5cm。

(6)前下摆线,位于后中长线向下1cm。

纵向线即前、后胸围的分界线,位于半胸围的1/2处,再向右偏移0.5cm,见图3-32。

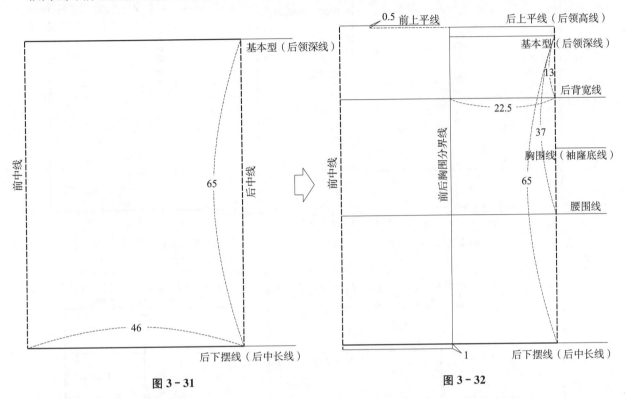

图3-31　　　　　　　　　　图3-32

4. 基本后领圈和后肩斜

按照图3-33所示数值画出后领高2cm,后领横7.5cm,连接并调顺后领圈线条。

按照图3-34所示数值用后肩颈点为原点,向左偏移15cm,再向下偏移5cm,画出后肩斜。

5. 后肩宽和后背宽

按照图3-34所示数值画出后肩宽,计算方法是肩宽/2+0.5cm=19.75cm,再画出后背宽,计算方法是半胸围46的百分比,即0.46×39(比值)≈17.9cm,见图3-34。

6. 后袖窿和后育克

按照图3-35所示数值画出后袖窿,再从后领圈中点向下10cm画一条上平线,作为后育克线,见图3-35。

7. 后侧缝和后腰省

按照图3-36所示数值画出后侧缝线,后腰省的上端到达后胸围线上,下端位于腰围线向下13.5cm,省量3cm,见图3-36。

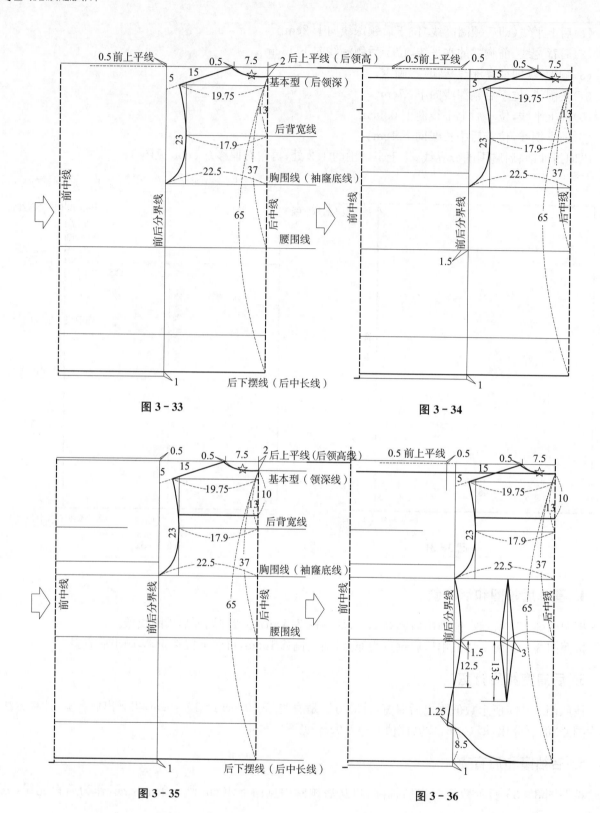

图 3-33

图 3-34

图 3-35

图 3-36

8. 后下摆和前领圈

按照图 3-37 所示数值连接并调顺后下摆线。

按照图 3-37 所示数值画出前领横 6.5cm、前领深 7.5cm，连接并调顺线条作为基本前领圈。

9. 前肩斜和前胸宽

按照图 3-38 所示用前肩颈点为原点,向右偏移 15cm,再向下偏移 6.5cm,画出前肩斜。

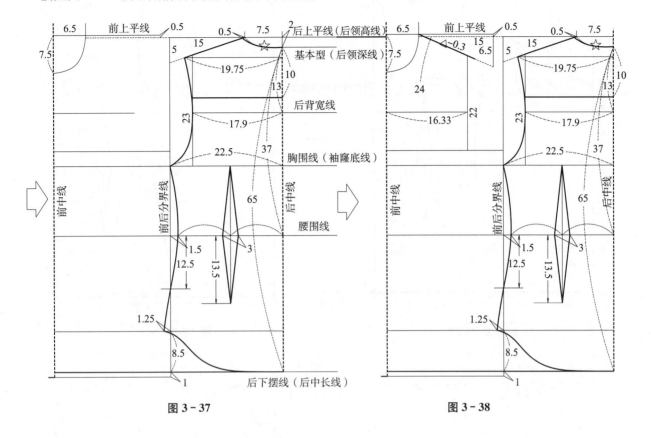

图 3-37　　　　　　　　　　　　　　　图 3-38

10. 前肩宽和胸高点

按照图 3-39 所示数值画出前肩宽,再画出胸高点,胸高点距前上平线 24cm,距前中线 9cm。

11. 前胸省和前袖窿

按照图 3-40 所示数值画出胸省和前袖窿,并调顺前袖窿线。

12. 前侧缝和前腰省

按照图 3-41 所示数值画出前侧缝,再画出前腰省,前腰省量 2.5cm,上半段距胸高点 3cm,下半段距腰围线 12.5cm。

13. 前下摆、门襟、钮扣位

按照图 3-42 所示数值画出前下摆和宽度为 3cm 的门襟,并画出钮扣位置。

14. 领子

先调整前后领圈的长度,由于衬衫基本型的前后领圈只是基本领圈,需要根据实际款式和流行趋势适当放大,一般情况下,把前后领横向外偏移 0.5cm,然后把前后领圈的长度调节到为 22.5cm(含门襟),见图 3-43。

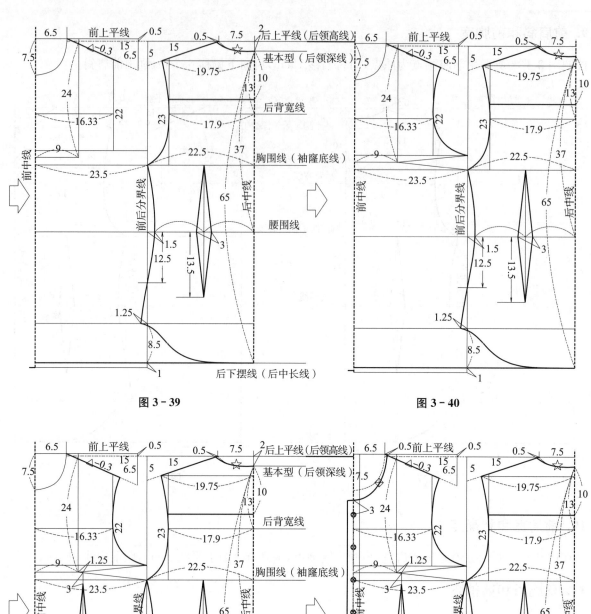

图 3－39　　　　　　　　　　　　图 3－40

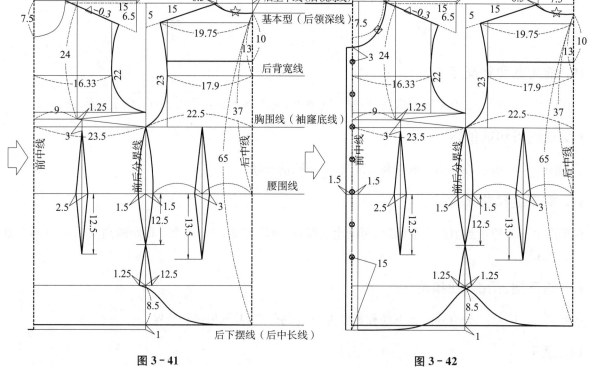

图 3－41　　　　　　　　　　　　图 3－42

15. 袖子

按照图 3－44 所示数值画出袖子,注意袖山吃势(也是溶位,是指服装有的部位需要归拢的数值,后同)控制为 0.5cm。

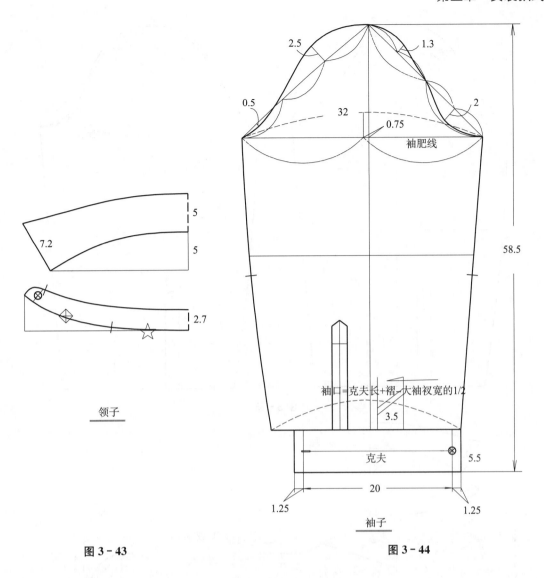

2.5　　　1.3

0.5

32　0.75

袖肥线

2

58.5

领子

图 3 - 43

袖口=克夫长+褶-大袖衩宽的1/2

3.5

克夫　5.5

1.25　　　20　　　1.25

袖子

图 3 - 44

16. 袖山弧线的变化

这里介绍的是一种袖山弧线规范画法,在实际工作中这些数值也是可以有所变化的,如果把袖山弧线画丰满一些,胖一些,只要总长度和吃势合理,安装在衣身上,只是袖山顶部显得圆顺丰满,前后袖底比较松,人穿着后活动更加方便自如,反之,如果袖山比较尖,比较瘦,则人在穿着后,袖山、袖底比较贴身和美观,但是就没有前者的宽松和舒适。总之,我们要根据实际情况确定,而不是生搬硬套这些数值。另外,需注意袖山吃势要控制在全围 0.5cm,见图 3 - 45。

17. 结构全局图(图 3 - 46)

18. 胸高点不仅仅是一个点

如果把女装胸部看作是一个锥形几何图形,在收省道(胸省、前腰省、前袖窿省、前领口省、前肩省等)时,其实并不会直接到达胸高点的顶端,而是会离开一段距离,这是因为服装胸高点概念并不是指某个点,而是泛指某个区域,并且在设置胸高点的数值时也并不是一成不变的,可以有少量的变化,如图 3 - 47。

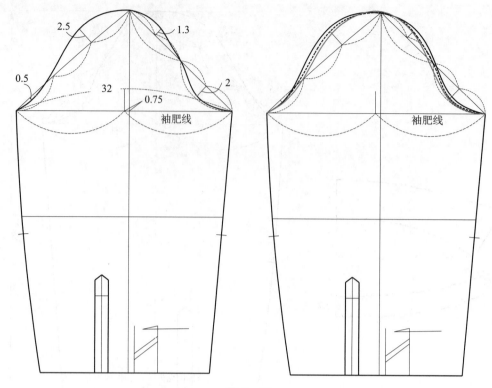

图 3－45

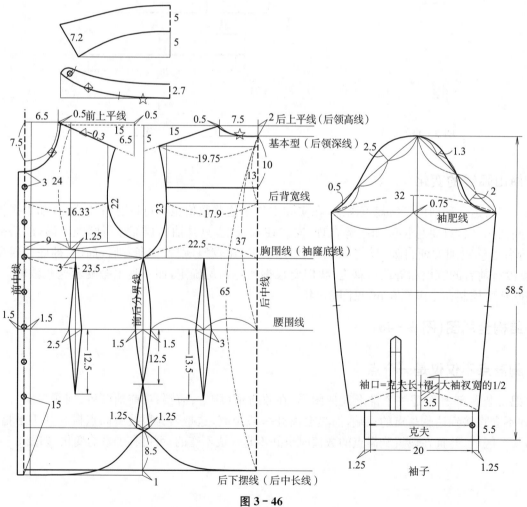

图 3－46

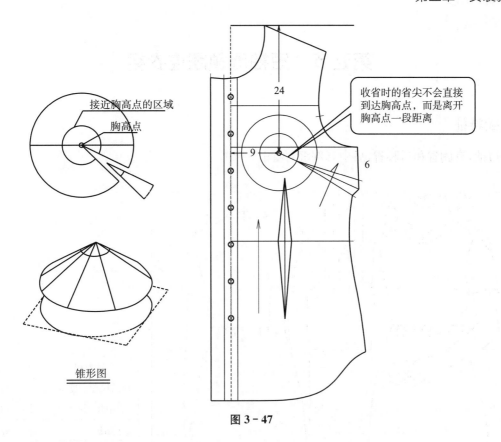

图 3－47

19. 完成后的全部裁片(见图 3－48)。

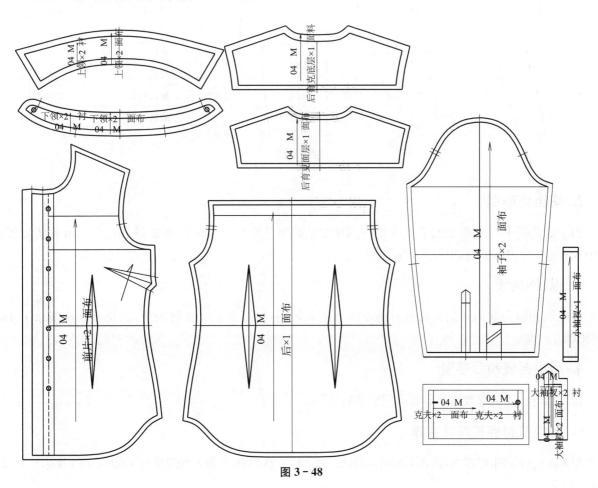

图 3－48

第五节 短袖圆领圈连衣裙

1. 款式特征

圆领,短袖,有胸省和后腰省,后中有剖缝,见图 3-49。

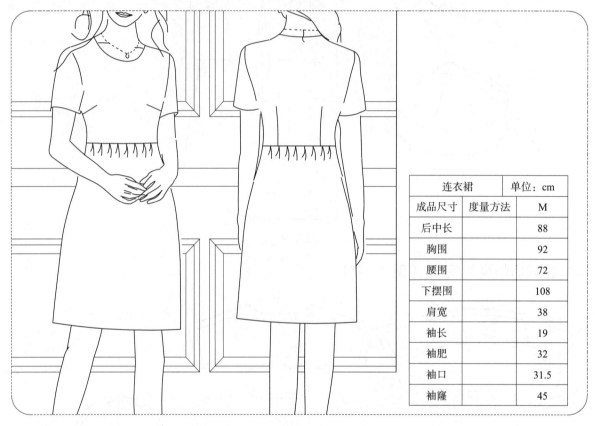

连衣裙		单位：cm
成品尺寸	度量方法	M
后中长		88
胸围		92
腰围		72
下摆围		108
肩宽		38
袖长		19
袖肥		32
袖口		31.5
袖窿		45

图 3-49

2. 画出矩形框

由于此款后中有剖缝,这样就要在半胸围尺寸基础上另外加 0.5cm 的省去量,用 46.5cm 作为宽度,用后中长 88cm 作为高度,画矩形框(图 3-50)。

3. 纵、横向线

横向线和纵向线的画法类似衬衫的绘图方法和规则,但是多了一条臀围线,其位于腰围线以下 18cm 处,见图 3-50。

4. 后中剖缝和后领圈

按照图 3-51 所示数值画出后中剖缝和后领圈。

5. 后领深到底多深才合适

很多人对后领圈深度的取值各不相同,但是最终完成后的后领圈要和人台的基本领圈线条平行,见图 3-52。

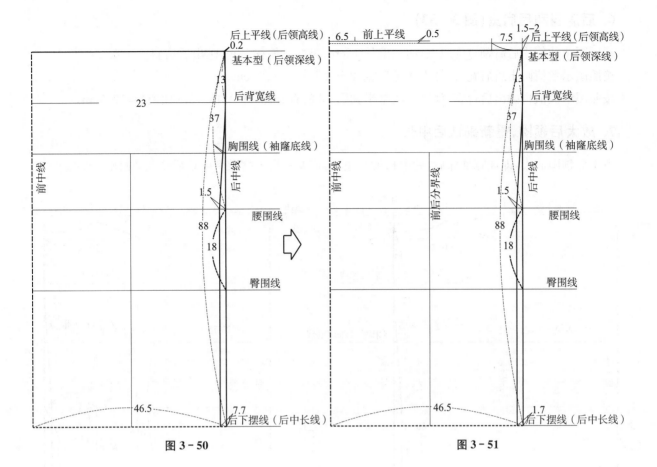

图 3－50

图 3－51

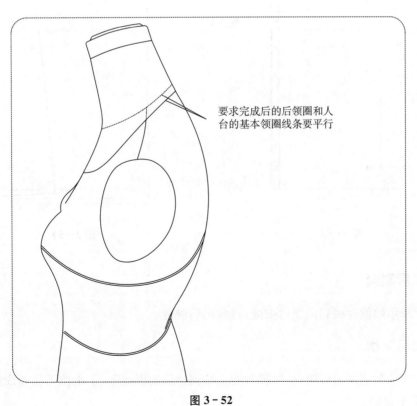

要求完成后的后领圈和人
台的基本领圈线条要平行

图 3－52

6. 后肩斜和后肩宽(图 3 - 53)

按照图示数值用后肩颈点为原点,向左偏移 15cm,再向下偏移 5cm,画出后肩斜。

按照图示数值画出后肩宽,计算方法是肩宽/2+0.5cm=19.75cm。

按照图示数值再画出后背宽,计算方法是半胸围 46 的百分比,即 0.46×39(比值)≈17.9cm。

7. 放大后领圈,重新确认后中长

由于后领圈放大,即加宽加深后,后中长就变短了,需要在后下摆重新确认后中长,见图 3 - 54。

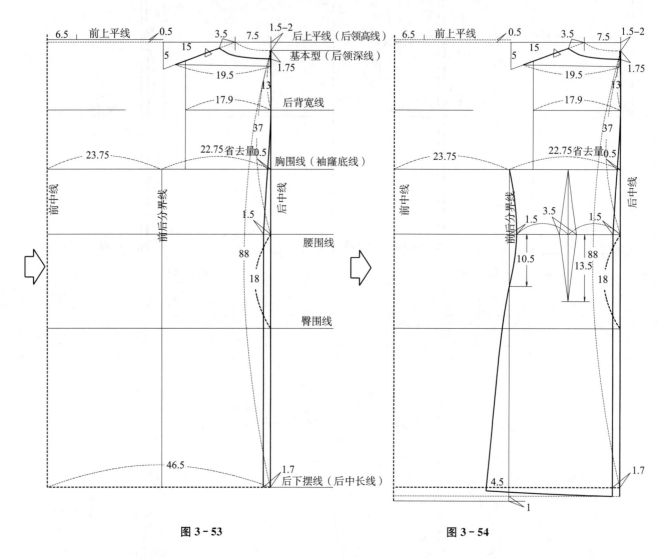

图 3 - 53   图 3 - 54

8. 后袖窿和后侧缝

按照图 3 - 55 所示数值连接和调顺后袖窿,再画出后侧缝。

9. 后腰省和后下摆

按照图 3 - 56 所示数值画出后腰省,后腰省的上端到达后胸围线上,下端位于腰围线向下 13.5cm,省量 3cm,连接并调顺后下摆线。

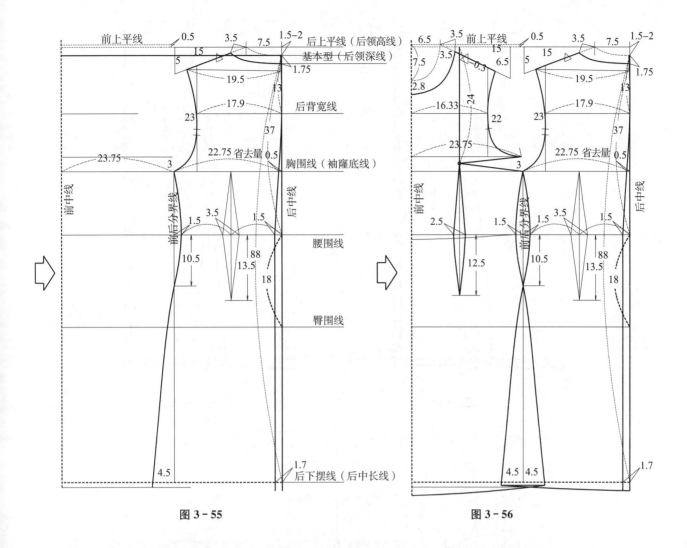

图 3－55　　　　　　　　　　　图 3－56

10. 前领圈、前肩斜、前肩宽和前胸宽（图3－57）

按照图示数值画出前领横 6.5cm，前领深 7.5cm，连接并调顺线条作为基本前领圈。

按照图示数值以前肩颈点为原点，向右偏移 15cm，向下偏移 6.5cm，画出前肩斜，再画出前肩宽和前胸宽。

11. 胸高点、胸省和前袖窿

按照图 3－58 所示数值画出前肩宽，再画出胸高点，胸高点距前上平线 24cm，距前中线 9cm。

12. 放大前领圈、前腰省、前腰节线和前下摆

按照图 3－59 所示数值放大前领圈，然后画出前腰省、前腰节线和前下摆。

13. 短袖

按照图 3－60 所示数值画出短袖，注意袖山吃势控制在 0.5cm。

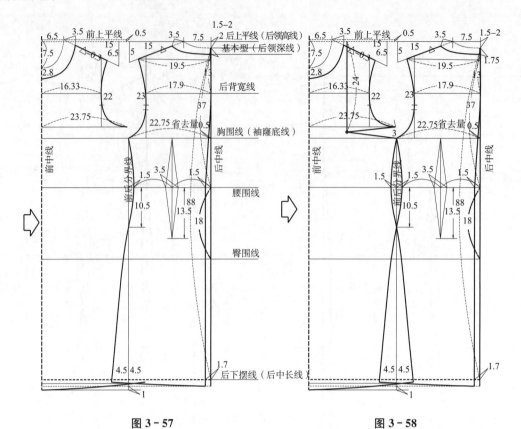

图 3-57

图 3-58

图 3-59

图 3-60

14. 结构全局图(图 3－61)

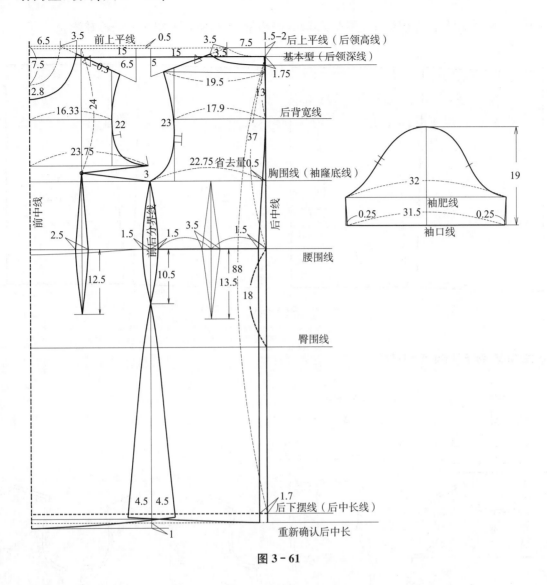

图 3－61

15. 腰省转胸省

按照图 3－62 所示数值把腰省转移到胸省。

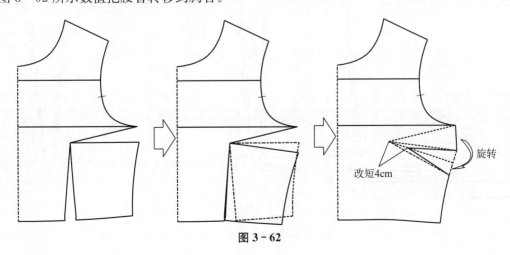

图 3－62

16. 前后裙片加碎褶量

按照图 3 - 63 所示数值在前裙片上端加入 5cm 碎褶量,在后裙片上端加入 4cm 碎褶量。

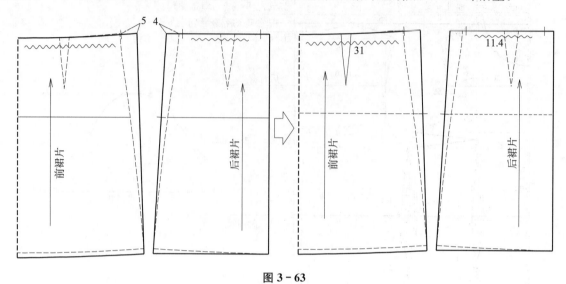

图 3 - 63

17. 全部的裁片(图 3 - 64)

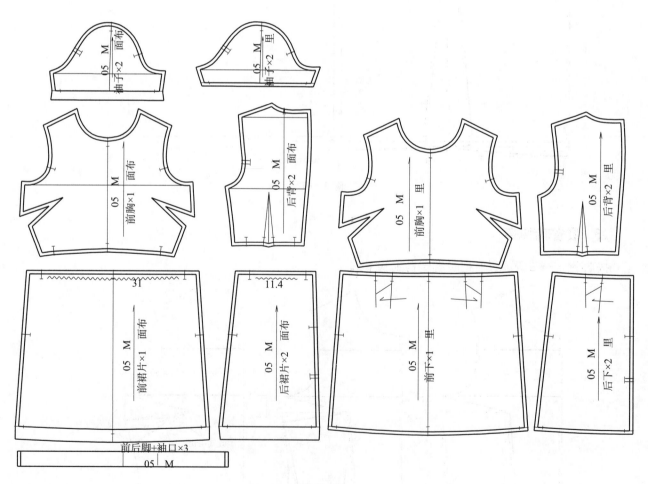

图 3 - 64

第六节　长袖T恤

1. 款式特征

此款为合体针织衫,结构比较简单,由前片、后片和罗纹领圈条组成,见图3－65。

中码		
成品尺寸	测量方法	单位：cm
后中		55
胸围		84
腰围		74
肩宽		35
袖长		57
袖口围		18
袖肥		29
袖窿		39

图3－65

2. 矩形框和纵、横向线（图38－66、图3－67）

用后中长55cm为高度、半胸围42cm为宽度,画矩形框,见图3－66。

画出中间纵向线,为前后胸围分界线,即矩形框横向线的中线。再画出6条横向线,分别是：

1）后上平线（即后领圈高线）,位于后领深线向上2cm。

2）前胸宽线和后背宽线的水平线,位于后领深线向下10cm。

3）胸围线（即袖窿底线）,暂时不确定。

4）腰围线,位于后领深线向下37cm。

5）前上平线,位于后上平线向下1.2cm。

6）前下摆线,位于后中长线向下1cm。

3. 后领圈、后肩斜和后肩宽（图3－68）

按照图示数值用后肩颈点为原点,向左偏移15cm,向下偏移5cm,画出后肩斜、后肩宽,计算方法是肩宽/2＝17.5cm。

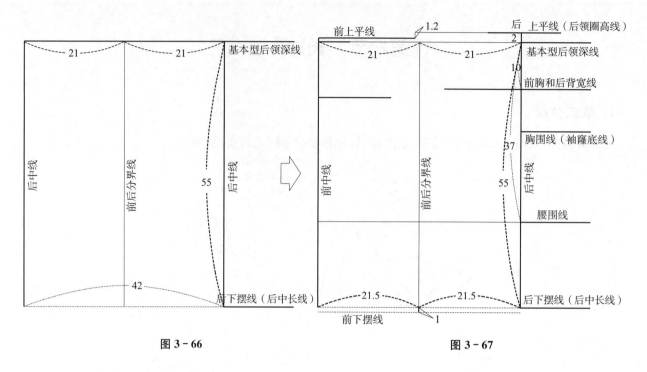

图 3-66   图 3-67

再画出后背宽,解决方法是半胸围 46 的百分比,即 0.42×39(比值)≈ 16.4cm。

4. 放大后领圈,重新确认后中长

由于后领圈放大,即加宽加深后,后中长就变短了,需要在后下摆重新确认后中长,见图 3-69。

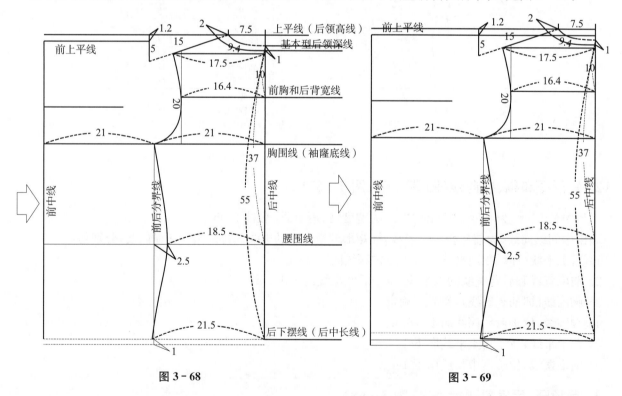

图 3-68   图 3-69

5. 后袖窿、后侧缝和后下摆

按照图 3-70 所示数值画出后袖窿,调节后袖窿线条的形状和长度,再画出后侧缝和后下摆。

6. 前片

前片由于没有胸省和腰省,结构比较简单,依次画好前领横、前肩斜(用前肩颈点为原点,向右偏移15cm,向下偏移6cm,画出前肩斜),再画出前胸宽、前袖窿、前侧缝和前下摆,然后把前领圈放大,见图3-71。

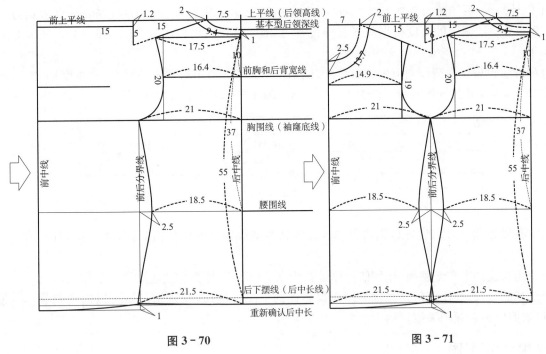

图 3-70 图 3-71

7. 领圈条和袖子

按照图3-72所示数值画出领子和袖子,注意袖山不要有吃势。

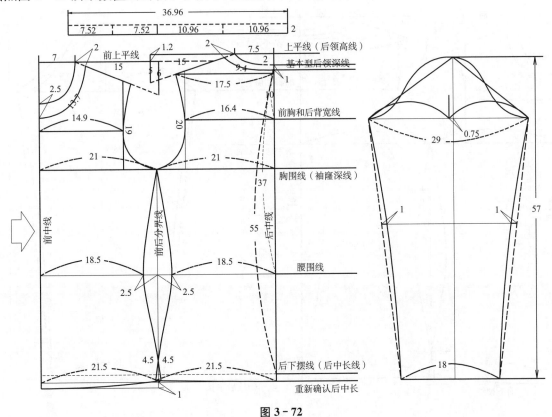

图 3-72

8. 罗纹领圈条长度的计算方法

T恤衫用罗纹布做领圈时,根据罗纹布的经纬密度的不同选择不同的比例值,比较疏松的采用0.8的比例值,比较紧密的采用0.85的比例值。例如图3-73所示这款T恤衣身的前领圈长是13.7cm,后领圈长是9.4cm(半围计),前、后领圈长相加为23.1cm,全围为46.2cm,采用比较疏松的罗纹领,那么领长为46.2×0.8=36.96cm,罗纹领圈的高度根据款式需要设置为2cm,这样就可以画出36.96cm×2cm的矩形框作为罗纹领圈了。

用这种方法也可以进行领圈上的刀口分配,例如在图3-73所示这款中,前领圈的长度是13.7cm 后领圈的长度是9.4cm,那么前领围的刀口为13.7×0.8=10.96cm,后领围的刀口为9.4×0.8=7.52cm。

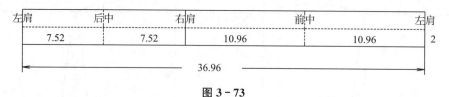

图 3-73

使用本布做领圈,如果是横纹,则可以和比较紧密的罗纹领圈的比例值相同,即0.85,计算方法也是相同的。

如果使用斜纹的本布做领圈,比例值可以设置为0.7~0.75,计算方法也和第五节相同。

需要注意的是,这些比例值是在常见的面料属性的情况下使用,特殊情况下可以适当调节比例值的数字,最终以衣服完成后领圈平服自然为准。

9. 结构全局图(图3-74)

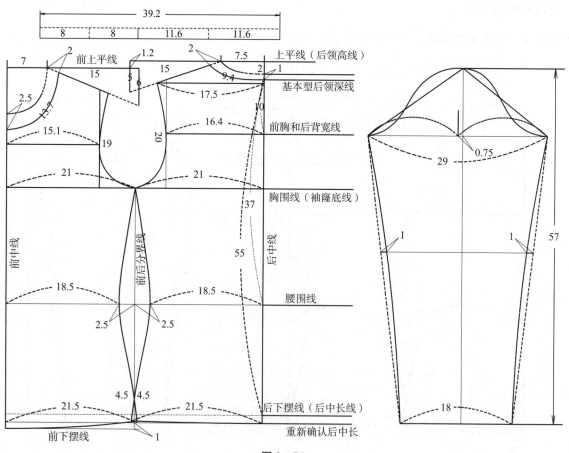

图 3-74

10. 完成后的全部裁片(图3-75)

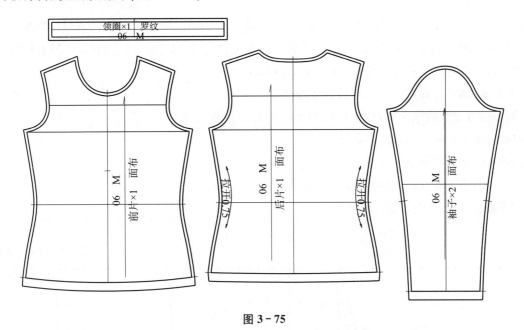

图3-75

第七节 四开身女西装

1. 款式特征

此款为平驳头西装,圆角下摆,左右各有一个口袋,有袋盖,无胸袋,后摆开衩,见图3-76。

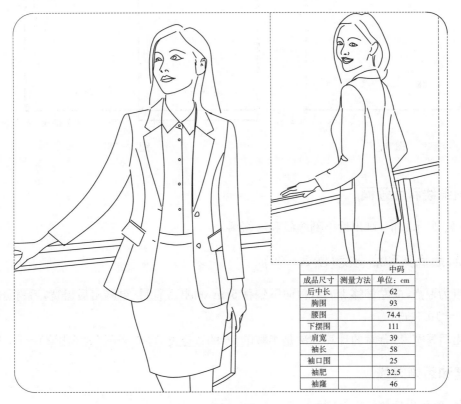

成品尺寸	测量方法	中码 单位:cm
后中长		62
胸围		93
腰围		74.4
下摆围		111
肩宽		39
袖长		58
袖口围		25
袖肥		32.5
袖隆		46

图3-76

3. 画出矩形框和纵、横向线

用后中长 62cm 为高度,用半胸围 46.5+两个省去量 1.5=48cm 作为宽度,画矩形框,见图 3-77。

画出中间纵向线,为前、后胸围分界线,方法是从后中线向左画 23.5cm 的平行线,(即胸围制图尺寸 96/4-0.5=23.5cm)再画出 6 条横向线(图 3-78),分别是:

1)后上平线(即后领圈高线),位于后领深线向上 2.5cm。

2)前胸和后背宽线的水平线,位于后领深线向下 13cm。

3)胸围线(即袖窿底线),暂时不确定。

4)腰围线,位于后领底线向下 37cm。

5)前上平线,由于是开门领结构,位于后上平线向下 1.5cm。

6)前下摆线,位于后中长线向下 1cm。

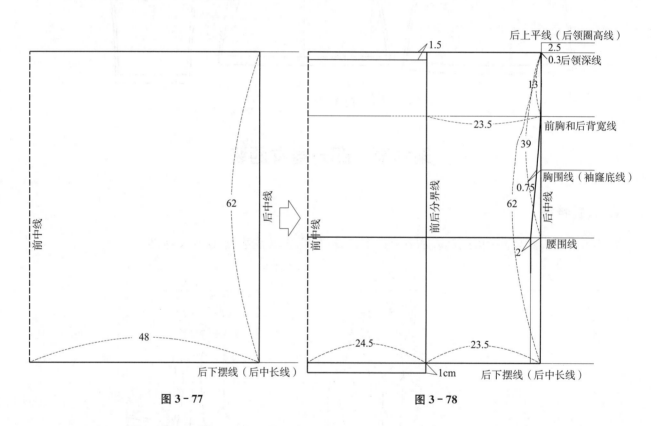

图 3-77　　　　　　　　　　　图 3-78

4. 后中剖缝线和后领圈

按照图 3-79 所示数值,画出后中剖缝线和后领圈。

5. 后肩斜、后肩宽和后背宽(图 3-80)

用后肩颈点为原点,向左偏移 15cm,再向下偏移 5cm,画出后肩斜,再画出后肩宽,后肩宽的计算方法是肩宽/2+0.5cm=19.5cm。

然后再画出后背宽,后背宽的计算方法是半胸围 46 的百分比,即 0.465×39(比值)≈18.13cm。

6. 后袖窿和后侧缝线

画出后袖窿,再画出后侧缝线,见图 3-81。

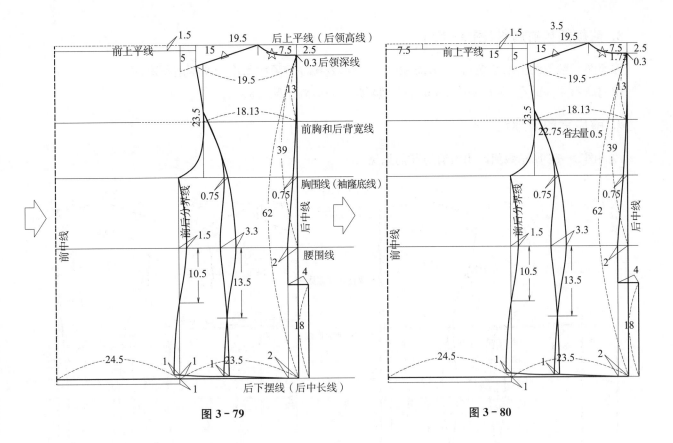

图 3－79　　　　　　　　　　　　图 3－80

7. 后公主缝、后下摆和后开衩

按照图 3－82 所示数值画出后公主缝、后下摆和后开衩。

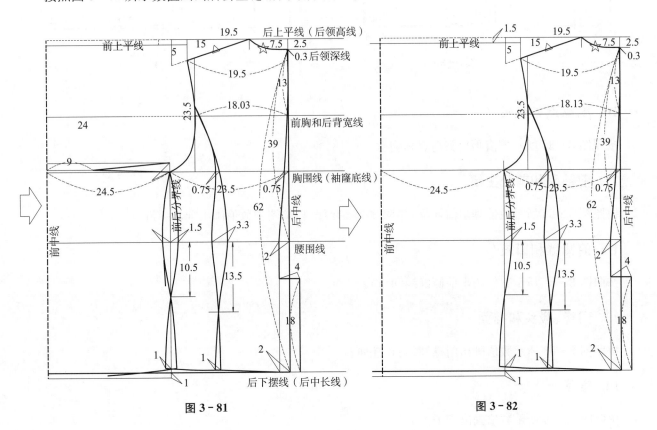

图 3－81　　　　　　　　　　　　图 3－82

8. 前领圈和前肩斜(图3-83)

按照图示数值画出前领横6.5cm,前领深7.5cm,连接并调顺线条作为基本前领圈。

用前肩颈点为原点,向右偏移15cm,向下偏移6.5cm,画出前肩斜。

9. 前肩宽和前胸宽

按照图3-84所示数值画出前肩宽和前胸宽。

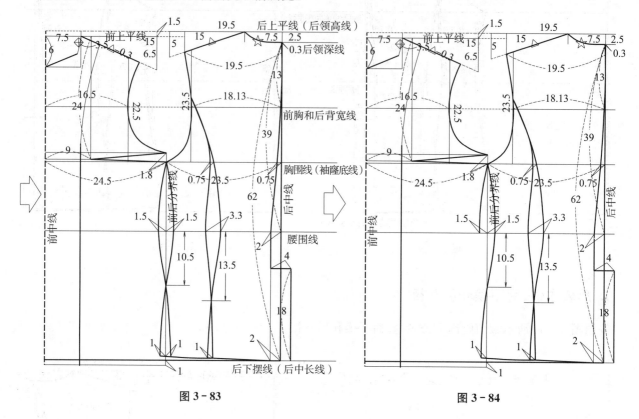

图3-83   图3-84

10. 胸高点和胸省

按照图3-85所示数值画出胸高点和胸省。

11. 前袖窿和前公主缝

按照图3-86所示数值画出前袖窿,并调顺前袖窿线,再按图中数值画出前公主缝。

12. 前侧缝和口袋

按照图3-87所示数值画出前侧缝线和口袋。

13. 门襟、驳头和挂面

按照图3-88所示数值画出门襟、驳头和挂面。

14. 领子

按照图3-89所示数值画出领子。

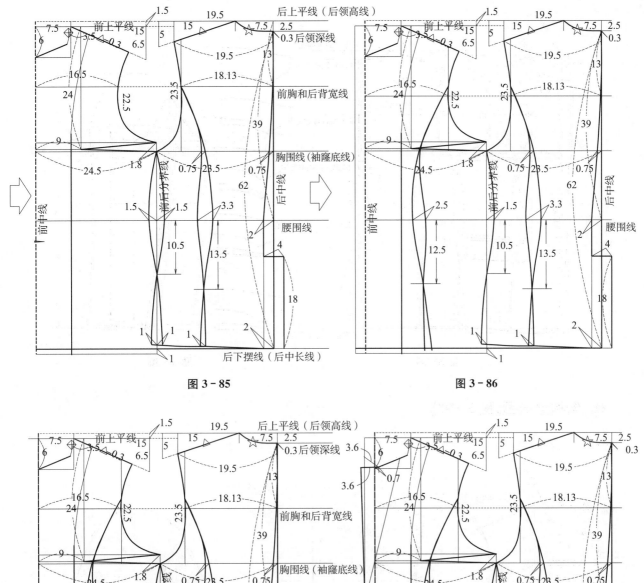

图 3－85

图 3－86

图 3－87

图 3－88

15. 袖子

按照图 3－90 所示数值画出袖子，注意袖山吃势控制在 1.7～1.8cm。

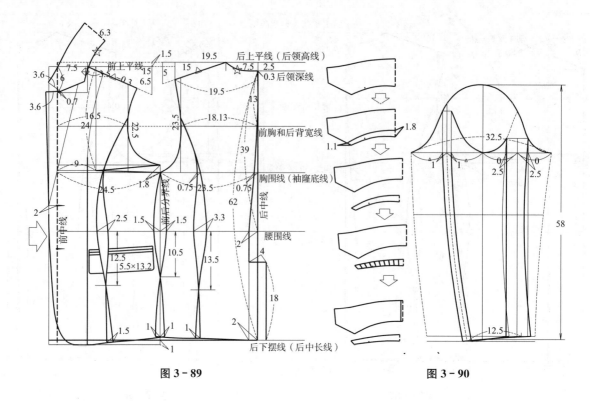

图 3－89

图 3－90

16. 结构全局图(图 3－91)

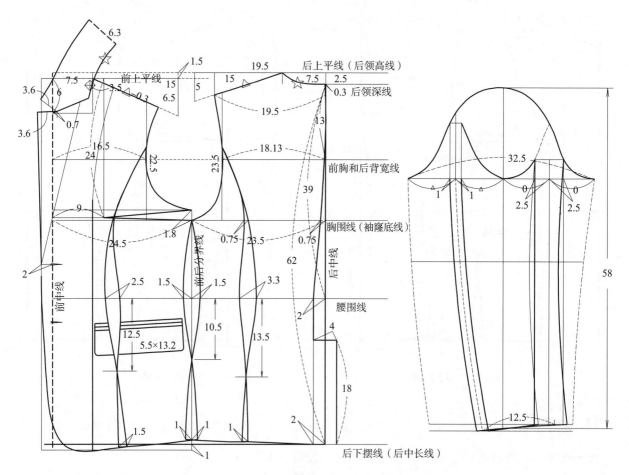

图 3－91

17. 完成后的全部裁片（图 3 - 92）

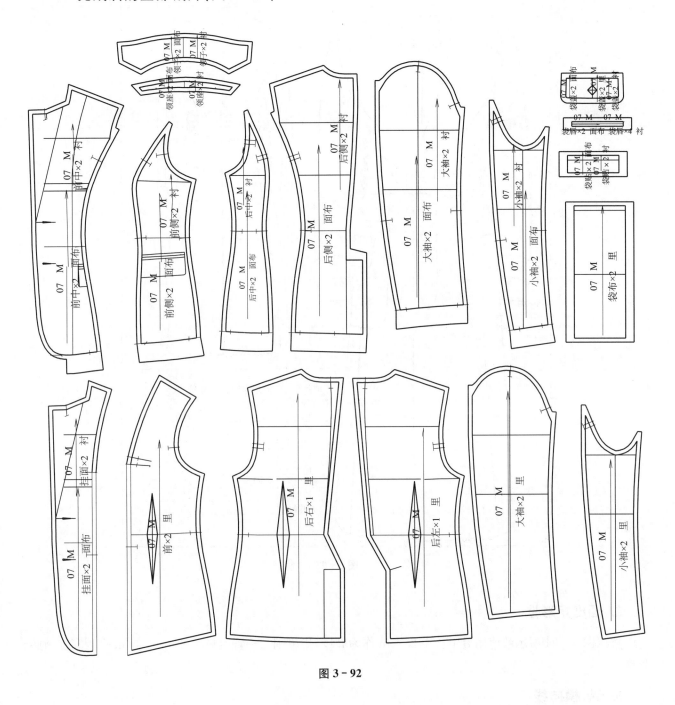

图 3 - 92

第八节　贴袋长大衣

1. 款式特征

此款衣身比较长,大蟹钳领,前片贴袋,后片开衩,袖子有袖襻,腰带用丝绒布,腰带右前端有"日"字扣,见图 3 - 93。

成品尺寸	测量方法	中码
		单位：cm
后中长		112.7
胸围		98.5
腰围		86.6
下摆围		125
肩宽		40
袖长		59
袖口围	（扣合）	27
袖肥		35
袖隆		50

图 3－93

2. 画出矩形框

按照图 3－94 所示数值用后中长 112.7cm 作为高度，用胸围/2＋省去量 1.25＝50.5cm 作为宽度，画矩形框。

3. 纵、横向线

先画出中间纵向线，为前、后胸围分界线，方法是从后中线向左画 24.75cm 的平行线，（即胸围制图尺寸 101/4－0.5＝24.75cm）。再画出 6 条横向线（图 3－95），分别是：

1）后上平线（即后领圈高线），位于后领深线向上 2.5cm。

2）前胸宽和后背宽的水平线，位于后领深线向下 13cm。

3）胸围线（即袖窿底线），暂时不确定。

4）腰围线，位于后领深线向下 37cm。

5）前上平线，由于是无胸省结构，所以位于后上平线向下 1cm。

6）前下摆线，位于后中长线向下 1cm。

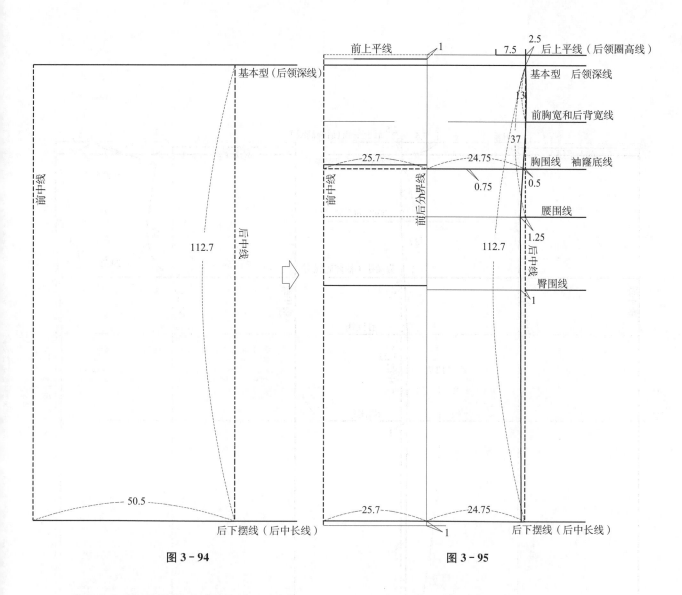

图 3-94   图 3-95

4. 后中剖缝线和后领圈 (图 3-96)

按照图 3-96 中数值画出后中剖缝。

按照图示数值再画出后领高 2.5cm 和后领横 7.5cm，连接并调顺后领圈线条。

5. 后肩斜、后肩宽和后袖窿 (图 3-97)

按照图示数值以后肩颈点为原点，向左偏移 15cm，再向下偏移 5cm，画出后肩斜；再画出后肩宽，后肩宽计算方法是肩宽/2+0.5cm＝19.75cm。

按照图示数值再画出后背宽，后背宽的计算方法是半胸围 0.50 的百分比，即 0.50×39（比值）≈19.5cm。

6. 后侧缝和后公主缝

按照图 3-98 所示数值画出后侧缝和后公主缝线条。

7. 后下摆和后开衩

按照图 3-99 所示数值画出后下摆和后开衩。

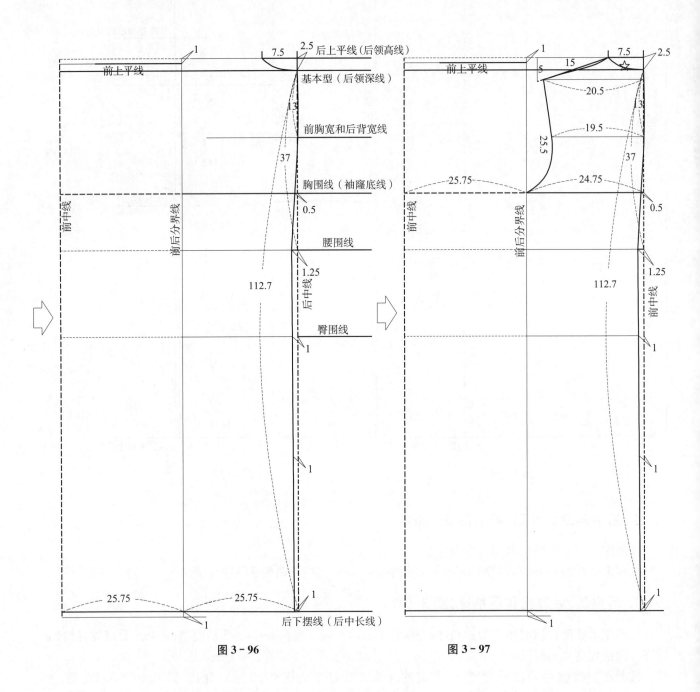

图 3-96

图 3-97

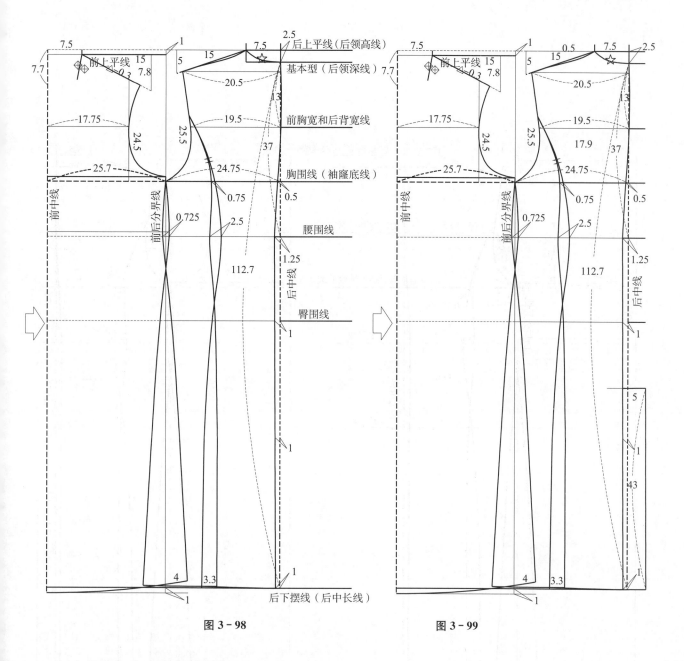

图 3 - 98　　　　　　　　图 3 - 99

8. 前领横、前肩斜和前肩宽 (图 3 - 100)

按照图示数值画出前领横,以前肩颈点为原点,向右偏移 15cm,向下偏移 6.5cm,画出前肩斜。
按照图示数值再画出前肩宽。

9. 前袖窿和前腰省

按照图 3 - 101 所示数值画出胸省和前袖窿,并调顺前袖窿线。

10. 口袋、前下摆和腰襻位置

按照图 3 - 102 数值画出口袋、前下摆和腰襻位置。

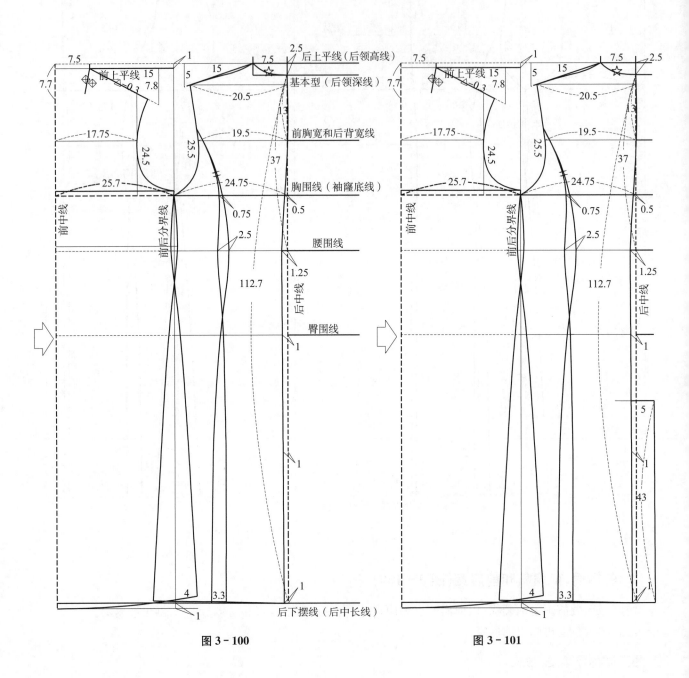

图 3－100   图 3－101

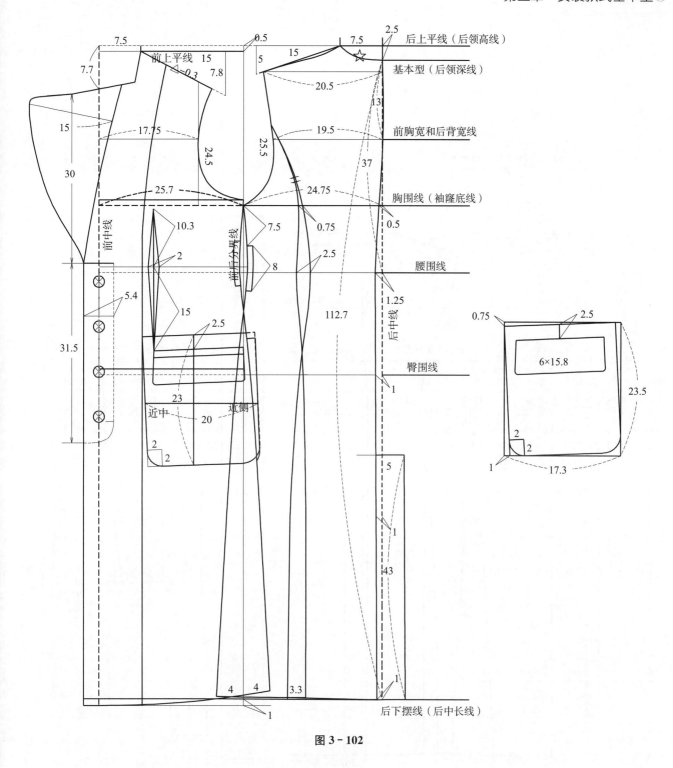

图 3－102

11. 领子、袖子、腰带和结构全局图（图 3－103）

按图示数值画出领子和袖子。

腰带是用丝绒布做的，前端有一个"日"字扣，是用丝绒布包住的，这个包扣布也要画出纸样。

12. 完成后的全部裁片（图 3－104）

熟练掌握基本型之后，可以再学习省位转移、配领和配袖的知识。这三个方面的内容在笔者早期作品有详细的阐述，并且本书第十五章也有介绍，在此不再赘述。

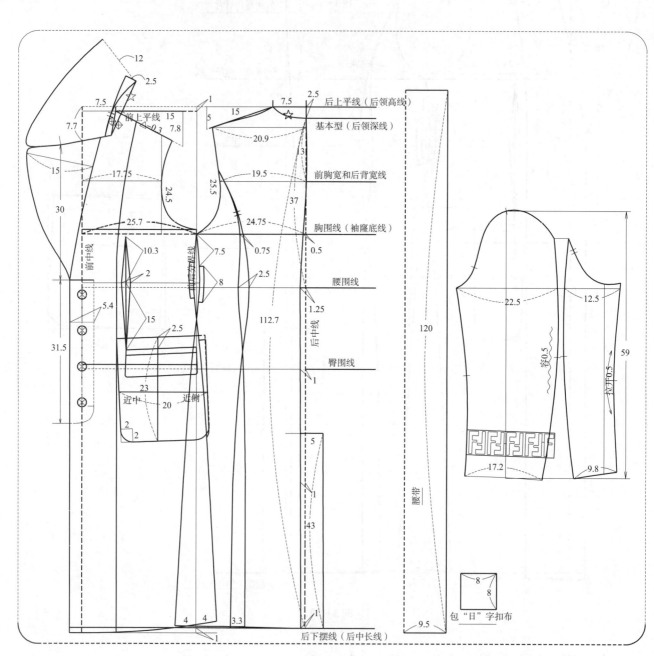

图 3-103

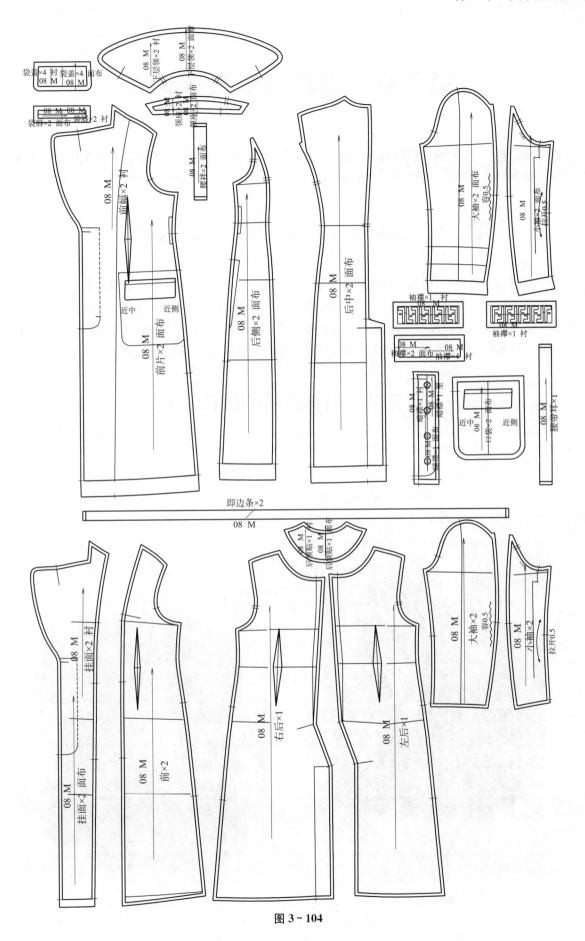

图 3-104

第四章　看样打板操作步骤

看样打板也称扒板、剥板，就是根据已有的样衣，再做出纸样，也就是把衣服款式变成纸样。原则上，我们并不提倡仿制别人的产品，仅仅用于学员练习和借鉴，以及特殊体型、特殊造型的定制。

第一节　服装的总体部位尺寸和细节部位尺寸

一般情况下，我们绘图时使用的是服装的总体部位尺寸，上衣总体部位尺寸有前衣长、后衣长、胸围、腰围、臀围、摆围、肩宽、前胸宽、后背宽、袖长、袖肥、袖口、袖窿。现代一些比较高档的、要求比较严格的服装，则可能需要更多的细节部位尺寸。例如上衣细节部位尺寸有前中长、后中长、前肩端点至下摆、后肩端点至下摆、前袖窿、后袖窿、前领圈、后领圈、领外围、领嘴、袖底、袖肘、口袋的部位尺寸。

第二节　看样打板的操作步骤

第一步，观察样衣。

样衣其实就是别的公司的大货。这类服装在裁剪、缝纫、洗水、整烫过程中都会有误差和变形，如果是低档服装，变形会比较严重。拿到样衣后，我们首先要试穿和观察这件样衣，以发现其存在的弊病，并在制板时进行改进，见图 4 - 1、图 4 - 2。

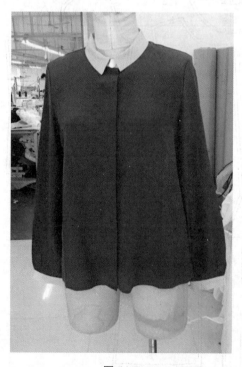

图 4 - 1

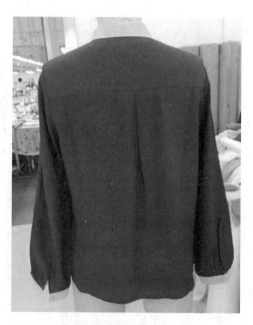

图 4 - 2

第二步,画裁片缩略图。

首先画出一份裁片缩略图,方法有多种:

第一种是手绘图,就是用手工画出裁片的图形,见图4-3。

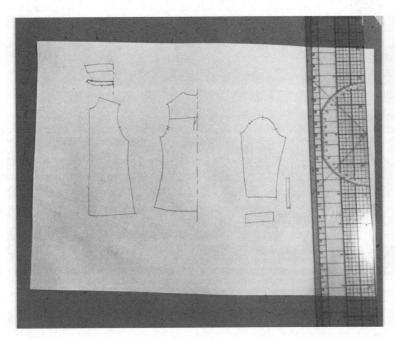

图4-3

第二种就是找与此相似的款式图,用绘图仪打印出来。输出时可以把比例适当缩小一些,见图4-4、图4-5。

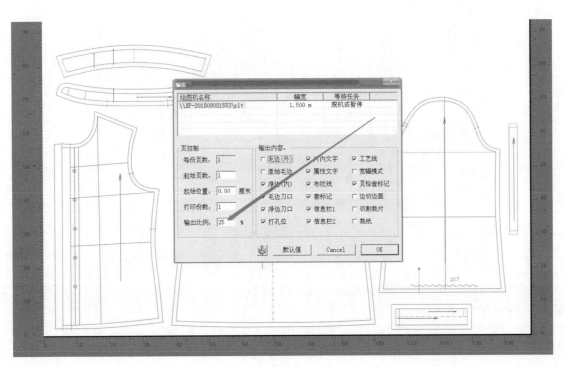

图4-4

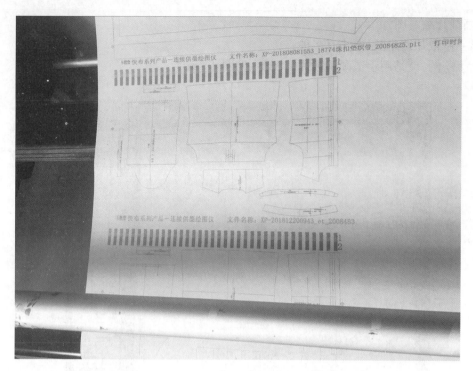

图 4-5

第三种是利用服装专业 CAD 软件中的文件导出或者文档转移的功能,把相似裁片的图形导出到 Word 文档,再用 A4 纸打印出来,见图 4-6。

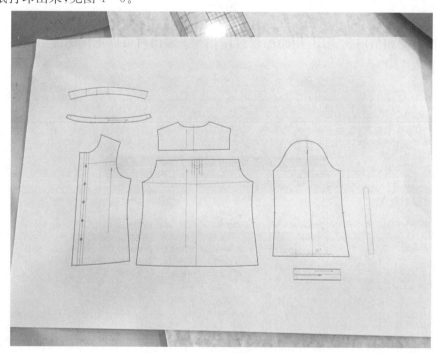

图 4-6

第三步,测量细节部位尺寸。

把样衣的总体部位尺寸和细节部位尺寸尽量详细量取并记录下来,见图 4-7～图 4-9。

第四步,绘制轮廓图。

把这件样衣的轮廓图画出来,见图 4-10。

第五步,轮廓图校正和试制观察。

用和样衣相似属性的布,裁剪出轮廓裁片,细节部位如门襟、袖衩、后育克可以简化处理,不需要太繁

图 4 - 7

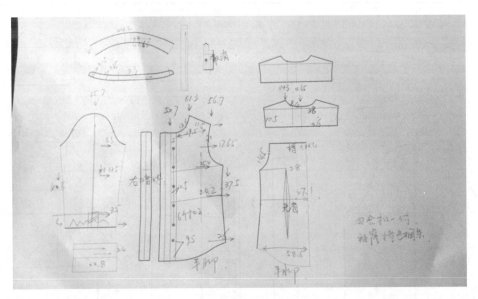

图 4 - 8

琐,但是一定要把布料整烫平整,裁剪时展开平铺,布料上下垫纸,以保证裁片精确无误、无扭曲变形。

　　然后简单缝合后穿着于人台上进行观察,发现问题就在纸样上改正。

　　轮廓试制和观察校正是非常重要的环节。只有轮廓没有问题,才能进行下一步细节部位的制板。如果是衬衫和连衣裙,要检查和测量前、后领横差数,观察前胸和后背处有没有牵扯褶痕,前、后领圈是否对接圆顺等。

　　如果是西装和大衣,需要用坯布试制,并需要检查前、后上平线的高度是否合理,观察肩颈处、领圈处是否平服,袖子前倾程度是否合适等。

　　如果是裤子,需要检查前后裤片中线的偏移量,前、后内侧缝的长度差数,前后裆斜纹伸长的情况,观察前、后裆部实际情况是否顺畅、服贴、自然,见图 4 - 11～图 4 - 14。

图 4 - 9

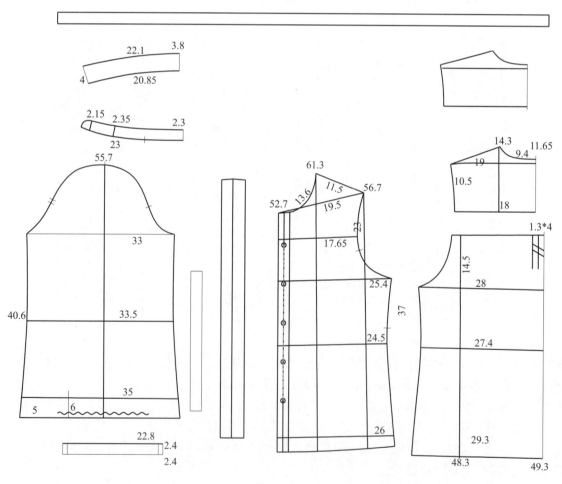

图 4 - 10

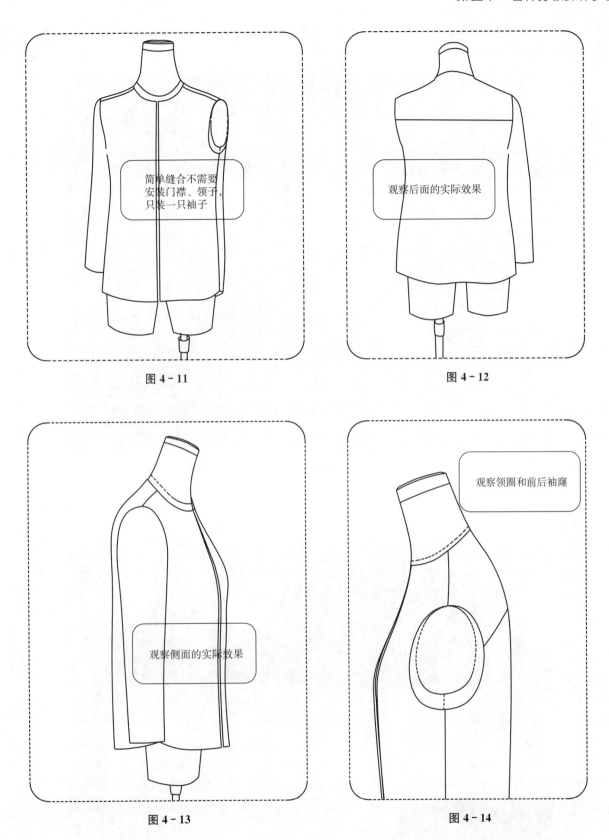

图 4 - 11

图 4 - 12

图 4 - 13

图 4 - 14

第六步,画小部件。

总体轮廓确认无误后,再画细节部位和小部件,如内部分割线、口袋、袋盖、里布等。

第七步,全部裁片一比一校正。

一比一校正可以发现许多问题。例如前胸宽,我们只是在前袖窿中间部位取一个点,然后量取前胸宽的尺寸。但是,前袖窿的弧线形状,前袖窿和肩缝、侧缝之间的角度,领尖的角度,只能通过一比一校正的方式进行校对,见图4-15。

图4-15

　　另外还可以检查出由于面料弹性大,纸样师工作繁忙,或纸样师情绪变化而导致的量取尺寸错误,见图4-16～图4-18。

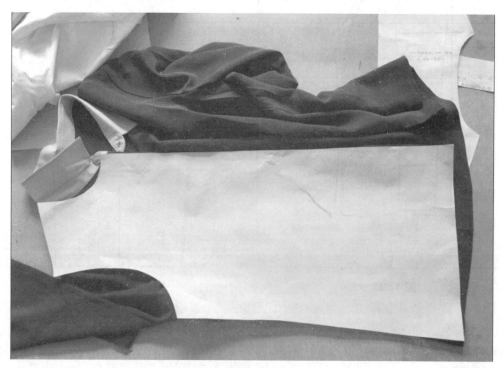

图4-16

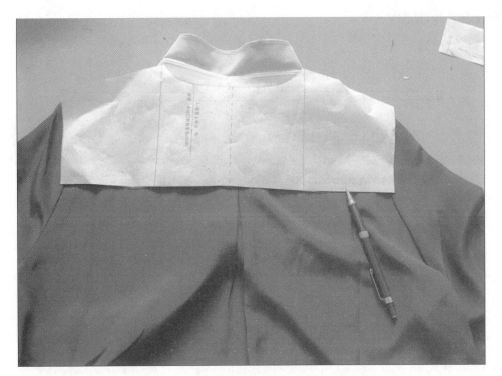

图 4 - 17

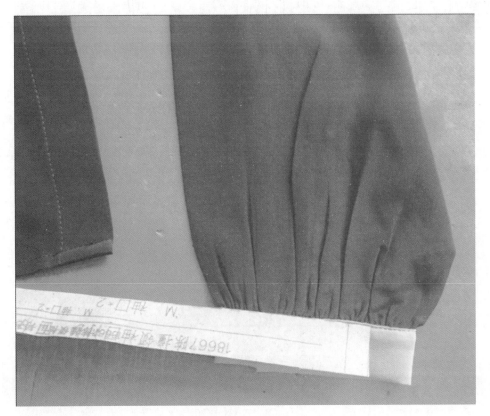

图 4 - 18

第八步,调节各部位尺寸,记录特殊工艺和材料。

对样衣的码数、各种特殊工艺、特别是钮扣和拉链等材料,以及样衣的反面和里面的衬料、工艺,都要进行记录和拍照备案。

完成后的全部裁片,见图4-19。

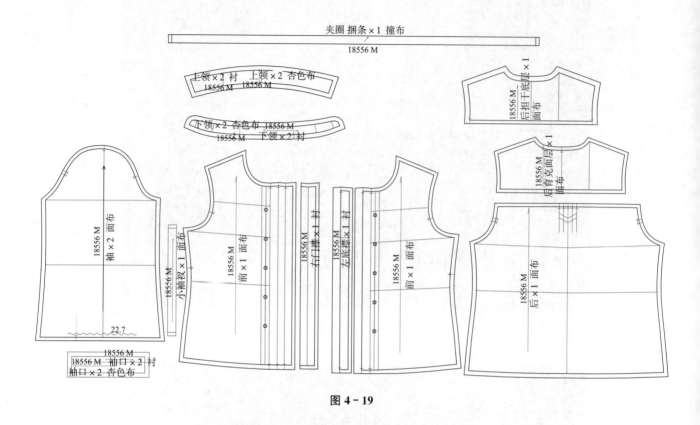

图4-19

需要注意的是,一些弯度比较大的弧线、扇形裁片,要仔细分辨样衣上裁片的纱向。

第五章　看图打板步骤演示

一些打板的朋友发牢骚,为什么看图打板完成后设计师和客户总说不行,说结果不是他想要的,怎样才能打好板,怎样提高打板成功率,打板到底有没有秘诀和绝招?

笔者认为,秘诀和绝招是有的,但是一定要以勤奋作为前提,并不是有了绝招就能一劳永逸。本章节以这款经典款牛仔衫为例,来作为看图打板的步骤演示,见图5-1。

图 5 - 1

图 5 - 2

第一步,首先选用比较大的电脑显示器,也不需要太大的,23英寸的屏幕就可以了,见图5-2。

第二步,把图片放大,用尺子在上面量一下,当肩宽放大到38cm左右时,图片上的衣服基本和实际衣服是1比1相等的,见图5-3。

图 5 - 3

第三步,移动图片,用尺子量出领子前端的尺寸为8.7cm,门襟上半段是9.5cm,见图5-4、图5-5。

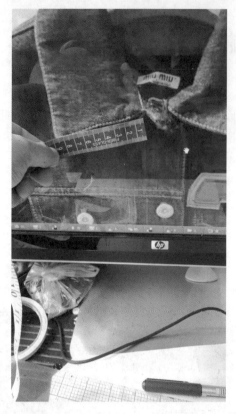

图5-4

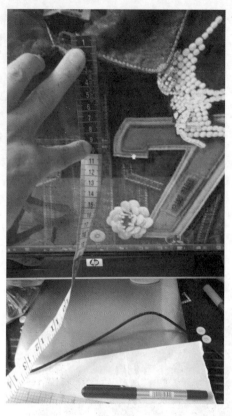

图5-5

第四步,用同样的方法,可以量出前育克下端的长度是19cm,袋盖上端是10cm,见图5-6、图5-7。

图5-6

图5-7

第五步,把这些尺寸记录下来。另外,辅料的尺寸也可以用这种方法,精确地测量出钮扣的直径,以及其他辅料、配件的尺寸,见图5-8。

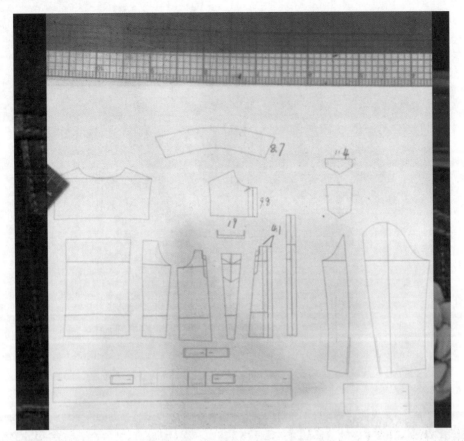

图5-8

在裁片缩略图上记录这些尺寸,这是前片细节部位的尺寸,见图5-9。

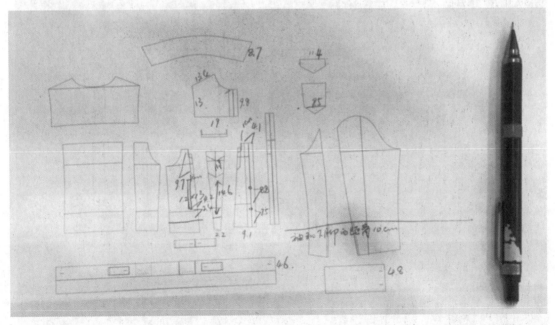

图5-9

继续完成后片和袖子的尺寸,然后开始打板,见图5-10、图5-11。

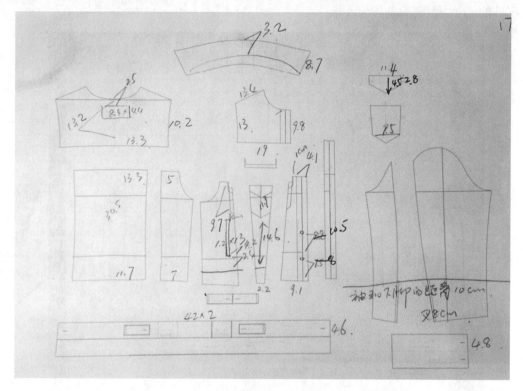

图 5-10

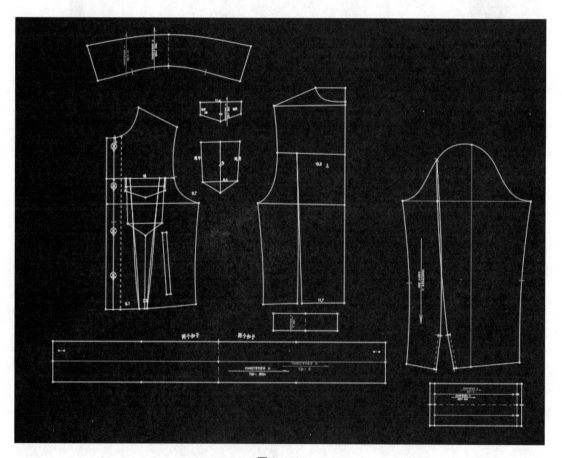

图 5-11

考虑到拍照片角度的原因,可能有少量误差,要结合打板经验进行必要的、少量的修改和调节。

再对领脚和领圈、袖山和袖窿、前后侧缝、前后肩缝等部位的长度进行适当调节。

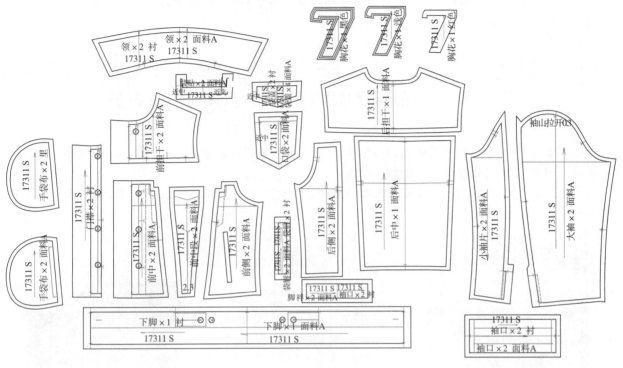

图 5 - 12

由于我们得到的都是精确的尺寸,用这种方法可以快速完成看样打板的制板工作,见图 5 - 13。

图 5 - 13

第六章 有胸省和无胸省结构的互换

第一节 无胸省结构到底能不能做到合体效果

首先需要说明的是,这里所说的无胸省结构到底能不能做到合体效果,是指袖窿处无空鼓、自然顺畅、服贴的穿着效果,而不是指紧贴人体的紧身效果。

笔者通过大量的实践发现,无胸省结构可以做到袖窿处贴身无空鼓,整体顺畅无牵扯的效果,见图 6-1～图 6-3。

图 6-1

图 6-2

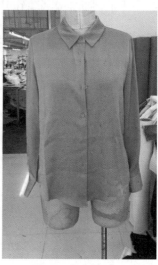
图 6-3

其原理是利用服装的放松量和布料的垂性、可塑性和弹性,同时利用制图结构和制作工艺,把原本的胸省量分解掉。

第二节 胸省量大小由什么因素决定

关于胸省量的大小,有的朋友采用定数法,数值各不相同,有的采用 3cm,有的采用 4cm,还有的采用 5cm,也有的朋友采用前胸围减去后背宽,例如前胸围为 40cm,后背宽为 37cm,那么胸省量就等于 40-37=3cm,总之各执一词。

通过前面无胸省结构到底能不能做到合体效果的学习,我们就明白了,胸省量是一个不确定的数值。那么,到底以什么为依据来决定胸省量,或者说胸省量到底设置多大才合适呢?

第一点,胸省量不是越大越合体。胸省量越大,胸部就凸起得越明显,那么这件衣服用衣架挂起来或者平放在桌子上,就是前胸凸起的状态,而不是平展的状态。

一般的服装胸部是不需要凸起太明显的,例如衬衫和西装等较为宽松的款式,但是也有的款式需要明显地凸起,例如塑身衣、晚装,这种类型的衣服可以把胸省适当加大,还要设置乳沟省和胸口省。

第二点,一些西装常常穿着时是不需要扣合钮扣的,那么胸省量也不可以太大,因为门襟不扣合,胸部这里自然会多布,胸省量越大,多布越明显,所以要尽量减小胸省量。

西装减小胸省量还有一个目的,就是西装的翻折线这个部位是斜纹的,就是斜的纱向,而斜纹是很容易拉长的,以此设置比较小的胸省量,使上平线降低,这个降低的数值就是斜纹可能会拉长的值,我们应预先把这个数值减去。

贴身吊带款式的胸省需要加大。

关于胸省量的数值大小问题,总结如下:

1) 有胸杯结构的晚装款式需要加大胸省量,具体数值可以在人台上试一下,注意要先在人体上放上胸杯棉,这是模拟穿戴文胸的厚度。

2) 不扣合的西装需要减小胸省量。

3) 贴身吊带的款式需要加大胸省量。

4) 雪纺、双绉蕾丝等比较薄而垂性大的面料可以无胸省,也可以设置3cm的胸省,根据款式的需要来确定。

5) 胸部有分割缝、活褶、碎褶,可以进行胸省转移和分散。

6) 中年胖体的服装适当增大胸省。

7) 针织款式可以不设胸省。

第三节　有胸省结构转换为无胸省结构

有胸省结构转换为无胸省结构的原理是,把胸省量分成三等分,然后分别在前上平线、前肩斜和前侧缝上进行分散处理,见图6-4。

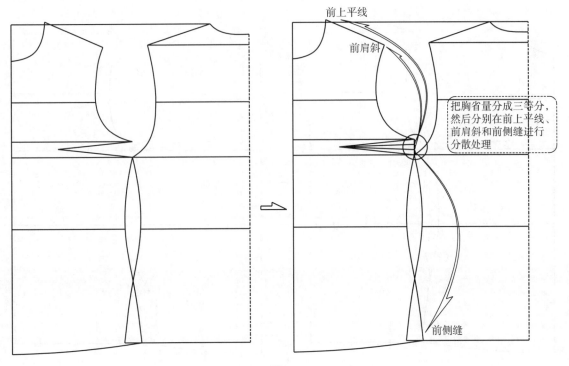

图6-4

具体步骤是：

第一步,把前胸省到前上平线这个区域向下拉伸1cm,这样胸省量就减少了三分之一,见图6-5。

第二步,把前胸省到前肩斜这个区域向下拉伸1cm,这样胸省量就减少了三分之二,见图6-6。

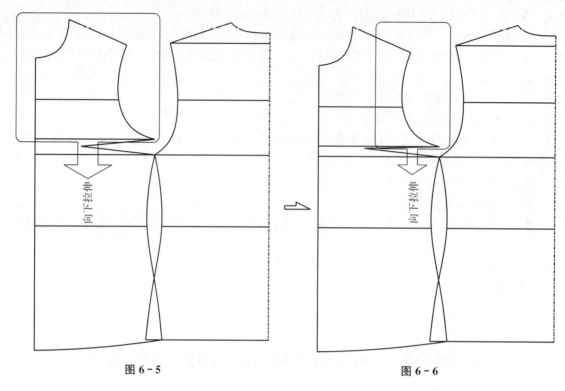

图6-5　　　　　　　　　　　　　　　　图6-6

第三步,把前下摆和侧缝这个区域向上拉伸1cm,然后把侧缝和前袖窿底直接连接,这样胸省量3cm就被分散化解掉了,见图6-7、图6-8。

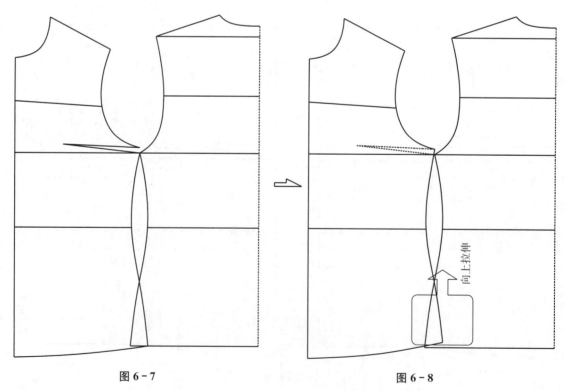

图6-7　　　　　　　　　　　　　　　　图6-8

第四步,适当调节前、后肩缝的长度,使后肩缝比前肩缝稍长,见图6-9。

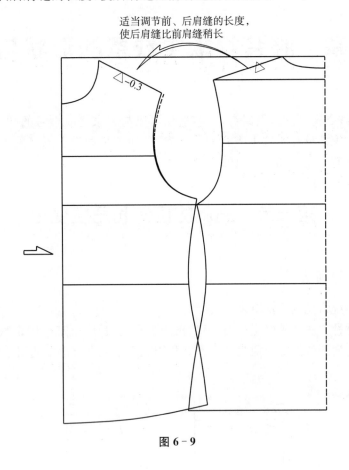

图6-9

第四节 无胸省结构转换为有胸省结构

如果想把无胸省结构转换为有胸省结构,只需要将前述部位反方向拉伸和调节。这里不再赘述了。

第七章　服装打板中线条的形状与变化

作者在此提出一些线条造型的最新研究,这些造型可以与大家之前学习的知识不尽相同,甚至有相互冲突的部分,笔者希望大家能够在实践中进行验证和参考,而不是做没有意义的争论。只有在实践中得到的体会和知识,才是真正有实用性和有价值的。

第一节　肩斜的画法和角度变化

1. 肩斜线条的三种画法

关于肩斜的角度,传统常见的画法有:

第一种:定数法。这种方法是先确定肩宽,然后再画垂直线,长度是某个固定数。例如图 7-1 中,前肩斜的固定数是 4.7cm,后肩斜的固定数值是 4.1cm。我国北方地区也有很多使用寸作为计算单位的,也常使用这种方法,见图 7-1。

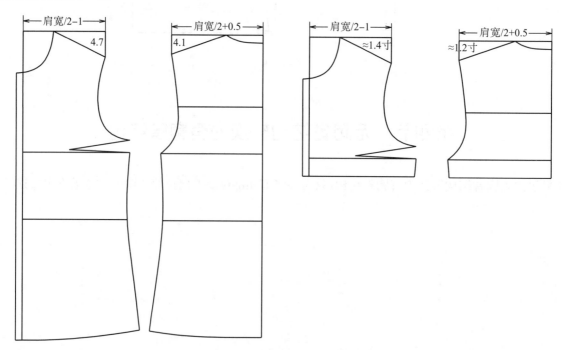

图 7-1

这种画法的弊病是如果肩宽增加或者减少了,肩斜的固定数值还是这么多,那么肩斜角度会发生细微的变化。对于同一款衣服,无论放大还是缩小尺码,肩斜角度应该是不变的,只有在不同款式、不同结构、不同面料特征的情况下,才会改变肩斜角度,见图 7-2。

第二种:角度法。

常见的服装前、后肩斜角度分别约为 25° 和 18.3°,如图 7-3 的画法。

这种方法必须使用量角器,或者必须使用刻有角度值的专用打板尺子。

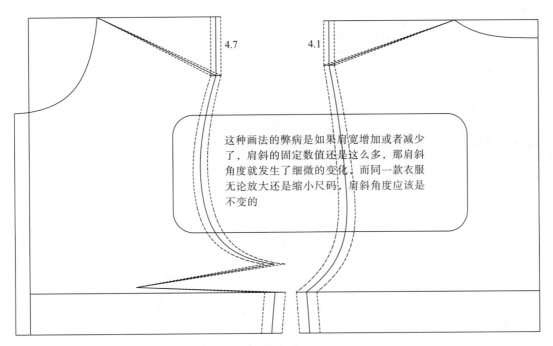

这种画法的弊病是如果肩宽增加或者减少了，肩斜的固定数值还是这么多，那肩斜角度就发生了细微的变化，而同一款衣服无论放大还是缩小尺码，肩斜角度应该是不变的

图 7 - 2

图 7 - 3

第三种：坐标法。

这是一种比较新颖的画法。具体方法是从肩颈点画出横方向向侧缝方向偏移15cm，再从这个线段的外端点向下画纵方向的数值，如后为5cm，前为6.5cm。这种方法的优点是，无论肩宽变大还是变小，肩斜角度都是不变的，见图7-4。

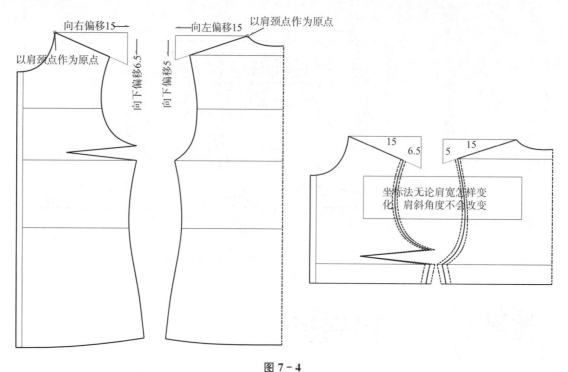

图 7 - 4

2. 前后肩斜角度的变化

通常大家会认为在相对标准的人台上，肩斜角度是固定的。但是笔者在实际工作中发现，肩斜角度其实是有很大变化的，有比较平的肩斜，也有比较斜的肩斜，例如在图7-5中，这件衬衫的肩和袖窿部位已经比较平服和顺畅了，但是在图7-5中，把左肩捏去约1cm的量，肩斜就变得更倾斜了。可以看到袖窿下半部分并没有太明显的变化，这说明肩斜是可以根据合体程度的要求不同，在基本肩斜的基础上适当地进行变化。

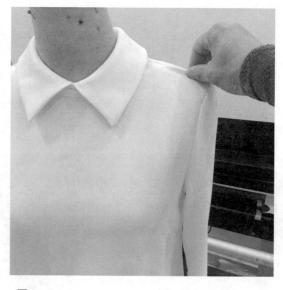

图 7 - 5

3. 肩斜对胸袋水平程度的影响

有胸袋的款式,如果肩斜的倾斜度不够就会出现胸袋不水平的情况,即胸袋的水平程度和肩斜角度有非常密切的关系,见图7－6。

胸袋的水平程度和肩斜角度有密切的关系

图7－6

4. 内销服装与外贸服装肩斜角度的区别

另外,笔者在从事外贸服装的打板工作中发现,国外服装的肩斜度通常比我国传统服装的肩斜角度要大一些。在图7－7两个外销服装图片中,如果用量角器去测量它们的肩斜角度,你会发现这件服装的肩斜角度比通常服装的肩斜角度要大。

图7－7

但由于服装肩斜角度数值变化与一件衣服的整体尺寸相比较,仍然是比较小的,因此往往容易被人们忽视掉。

同时也要注意不要使肩斜出现过分倾斜的现象。

<h2>第二节　肩缝线条的形状和变化</h2>

1. 落肩线条的形状

女装肩缝的形状和具体的款式、结构等有关,最常见的就是画成直线。

档次和要求比较高的服装款式,可以把肩缝画成 S 形,落肩的款式也要画成 S 形,见图 7-8。

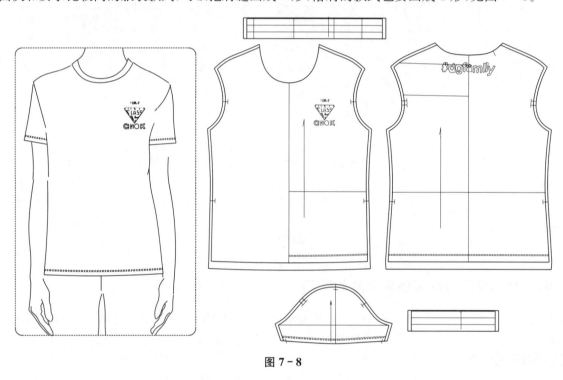

图 7-8

<h2>第三节　前、后胸围数值的分配</h2>

目前服装绘图对前、后胸围数值的分配(半胸围)分为三种情况。

第一种是平均分配,即前、后胸围的长度相等,见图 7-9。

第二种也是平均分配,但是由于有的款式后中有剖缝,制图完成后,变成前胸围比较宽,后胸围比较窄,见图 7-10。

第三种是前、后胸围相差 1cm,如果要求剖缝,则前后胸宽相差约 1.5cm,见图 7-11。

那么哪一种才是正确的呢?笔者认为,前、后胸围相差 1～1.5cm 是比较合理的,因为如果前、后胸围平均分配,容易导致胸部牵扯而产生褶痕弊病,见图 7-12。

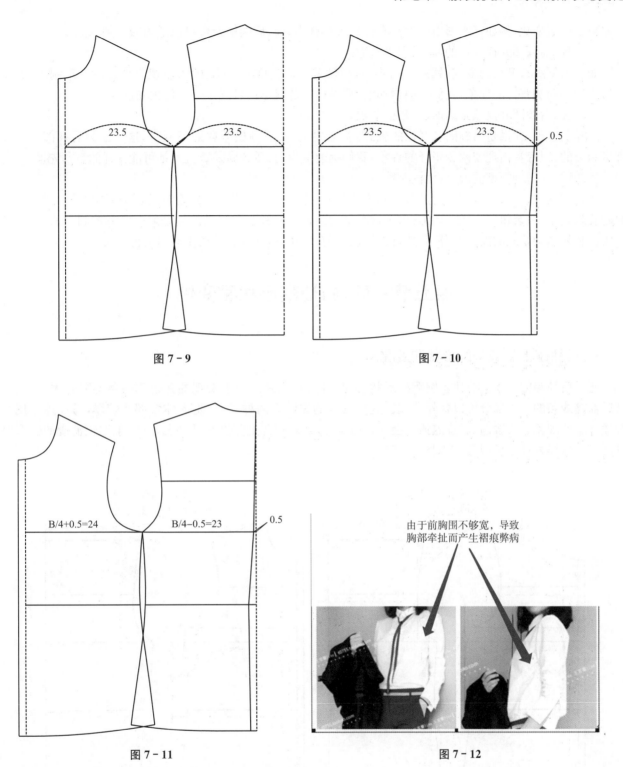

图 7 - 9

图 7 - 10

图 7 - 11

图 7 - 12

由于前胸围不够宽,导致胸部牵扯而产生褶痕弊病

第四节 前、后领横的差数到底多少才合适

这个问题分成四种情况来看待和处理。

第一种:常见的前、后领横差数。

我们曾经通过立裁的方法,得到常见的前、后领横差数为 1cm(半围计),但是在有些情况下,领横的前、

后差数会产生变化,例如针织衫由于面料有比较大的弹力,前、后领横差数可以适当减少到 0.5cm。

第二种:前领圈开衩款式的前、后领横差数。

如果前领圈有开衩的款式,就需要把前、后领横差数适当增大,这是因为前衩部位是没有牵制力的,很容易出现朝两侧张开的现象,我们提前增加前、后领横差数就是把可能张开的量预先设置了。

第三种:后领圈开衩款式的前、后领横差数。

同样的原理,如果是后领圈有开衩的款式,就需要把前、后领横差数适当减少,这是因为后衩部位是没有牵制力的,很容易出现朝两侧张开的现象,我们提前减少前、后领横差数就是把可能张开的量预先设置了。

第四种:开门领类型的前、后领横差数。

西装类的领子和驳头通常是打开的,称为开门领,并且很多女西装在穿着时是不需要扣合钮扣的,在有的时装款式中,西装钮扣变成了装饰,由于这种结构的领子的驳头和门襟部位是敞开没有控制力的,所以开门领西装领结构款式的前、后领横差数可以绘制成前、后相等,甚至后领横比前领横稍短。

第五节　前、后袖窿形状和变化

1. 后袖窿上半部分的形状和变化

通常后袖窿的线条画成比较圆顺的形状,但是笔者在实际工作中发现袖窿上部线条不需要太圆顺,而是后袖窿线条的上半部分可以朝外凸起。这样处理的原因有两种,一种是人体背部比较厚,另一种是现在女性开车的现象非常普遍,后背内弧形会导致后背扯紧,影响舒适程度和活动要求(对于比较消瘦的体型可以不考虑这样处理),见图 7 - 13、图 7 - 14。

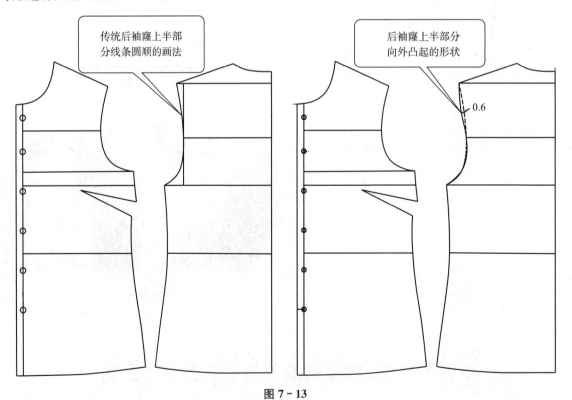

传统后袖窿上半部分线条圆顺的画法

后袖窿上半部分向外凸起的形状

0.6

图 7 - 13

把后袖窿上半部分的线条画成外凸的形状,有的朋友会担心造成前后袖窿拼合后不圆顺,或者袖子安装后袖窿线条不圆顺,实际操作中这个顾虑是多余的,图 7 - 15 所示是装好袖子后的后部的实际情况。

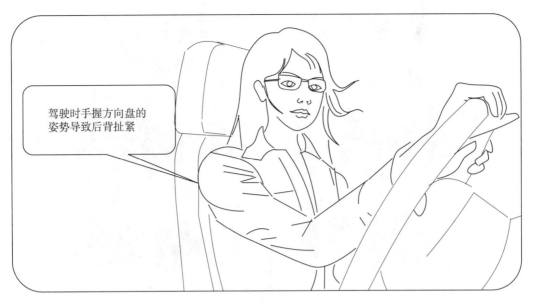

驾驶时手握方向盘的
姿势导致后背扯紧

图 7 - 14

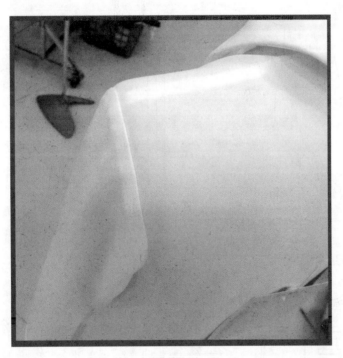

图 7 - 15

2. 前、后袖窿底部的形状

前、后袖窿底部的状态,不论是有袖的款式、无袖的款式,还是马甲款式,传统的形状是对接后圆顺的,但是在实际工作中发现,不需要过分圆顺,可以存在有折角的形状,见图 7 - 16、图 7 - 17。

3. 前袖窿的线条形状

袖山收省时,前(后)袖窿线条的形状见图 7 - 18。

如果肩太窄,前袖窿也需要外凸,见图 7 - 19～图 7 - 21。

有的朋友对此可能有所质疑,通过袖窿缝合后的实际效果就说明问题了,见图 7 - 19、图 7 - 20。

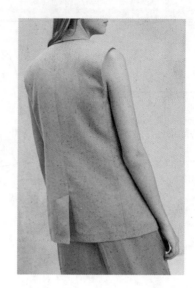

图 7 - 16

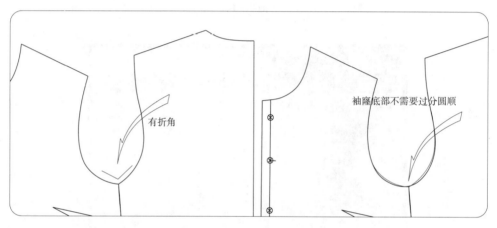

有折角

袖窿底部不需要过分圆顺

图 7 - 17

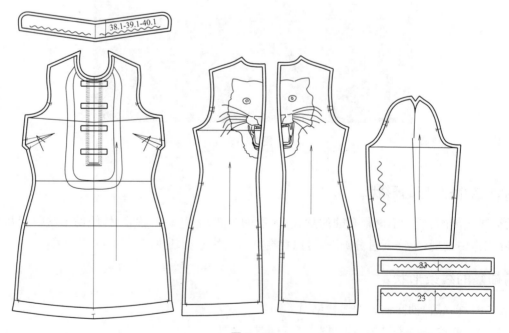

38.1-39.1-40.1

23

23

图 7 - 18

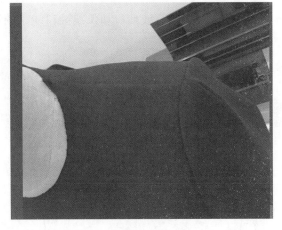

图 7 - 19　　　　　　　　　　　　　　　图 7 - 20

第六节　袖口线条的形状变化

1. 短袖袖口线条的变化（图 7 - 21）

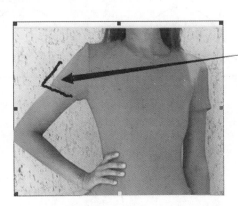

仔细观察图片中这个部位的角度，可以看到袖中线和袖口线是不成直角的，也就说明袖口并非直线

图 7 - 21

图 7 - 22 所示是短袖直线袖口和弧线袖口线条的对比。

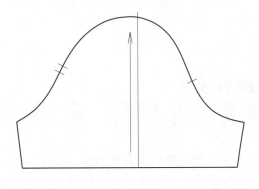

延长1.2~1.5

图 7 - 22

2. 中袖袖口的线条和形状变化

图 7 - 23 所示是中袖直线袖口和弧线袖口线条的对比。

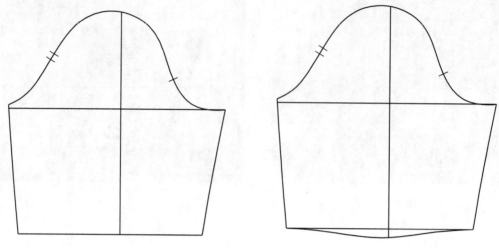

图 7 - 23

3. 长袖袖口线条和形状变化

图 7 - 24 所示是长袖袖口线条的形状。

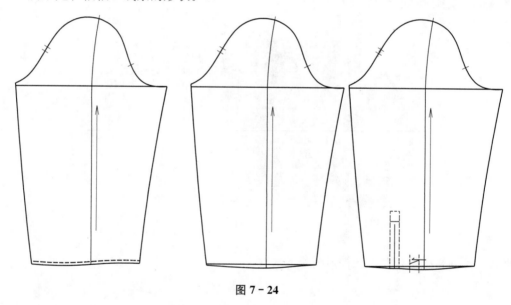

图 7 - 24

第七节　腰节线条

1) 常规的扇形裁片图形见图 7 - 25。

2) 处理成有折角的裁片图形,这个折角的处理可以控制下摆起浪的位置和幅度,见图 7 - 26。

3) 如果折角比较明显,仅仅处理下摆的裁片会出现腰节线条不圆顺的弊病。解决的方法是把上面的裁片,即前胸和后背的裁片下方线条也处理成有折角的,折角的位置和下摆对应,这样上下折角量互相抵消,就比较圆顺了。

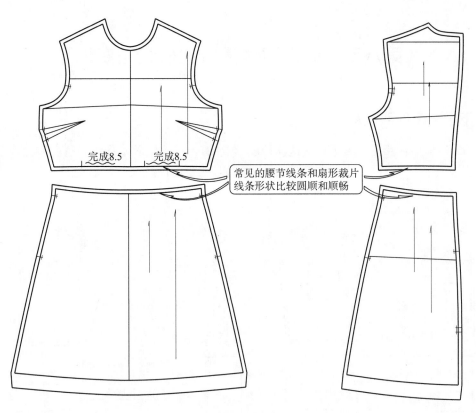

完成8.5　完成8.5

常见的腰节线条和扇形裁片
线条形状比较圆顺和顺畅

图 7－25

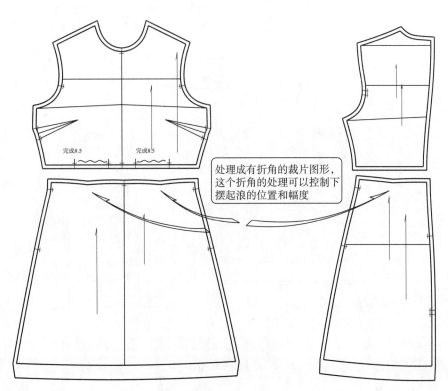

完成8.5　完成8.5

处理成有折角的裁片图形,
这个折角的处理可以控制下
摆起浪的位置和幅度

图 7－26

第八节　扇形下摆线条的形状和变化

1. 扇形下摆弯度不可太大

从理论上来说,扇形裁片是如图7-27这样切展形成的,但是在实际工作中,下摆的弯度不要太大,可以适当调节得平缓和平直一些,因为下摆弯度越大,在卷边时的难度就越大。笔者通过大量的试验发现,平缓和平直的下摆并不影响美观,见图7-28。

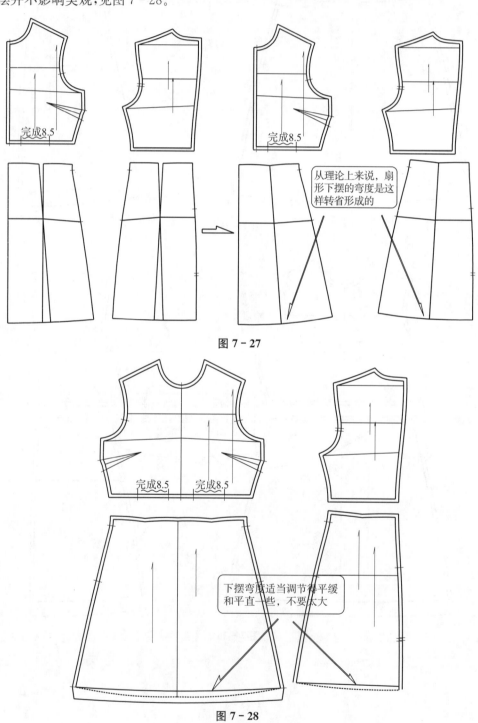

图 7-27

图 7-28

2. 有蕾丝布,扇形的下摆画成直线

扇形下摆形状平缓和平直到最大限度就变成直线了。如果用蕾丝布做这种款式,如果设计款式要求保留蕾丝布特有的布边,就不能画成弧形线条,因为这种蕾丝布边是不能裁断的,只能画成直线,见图 7 - 29。

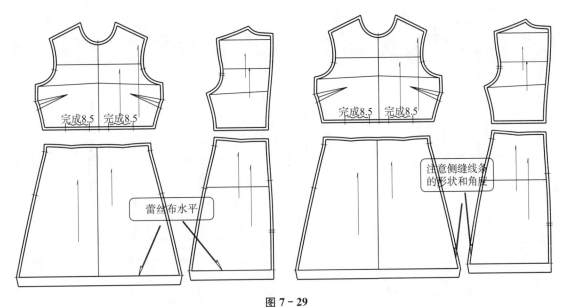

图 7 - 29

第九节　有帽卫衣领圈线条

帽子通常是双层的,比较厚重,这会导致完成后的前领圈不圆顺,因此需要对前领圈线条进行处理,就是把前领圈向下画一个折角的形状,见图 7 - 30、图 7 - 31。

帽子通常是双层的,比较厚重,这会导致完成后的前领圈不圆顺,因此需要对前领圈的线条进行处理,就是把前领圈向下画一个折角的形状

图 7 - 30

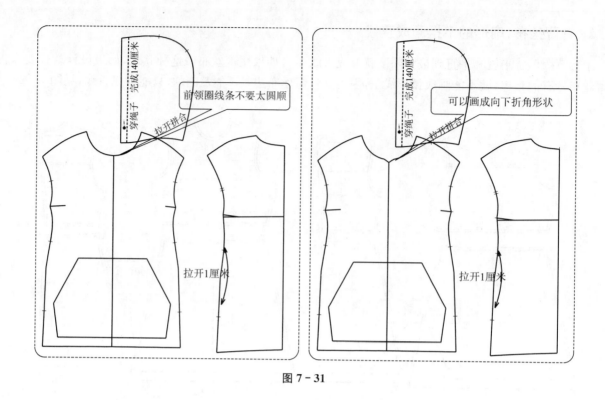

图 7 - 31

第十节　前中相连的衬衫领线条形状

许多纸样师在绘制前中相连的衬衫领时把下领画成圆顺的线条，这种做法是错误的，我们把普通衬衫领从前中线对接在一起就可以看到，其实下领部位是一个折角的现状，所以正确的下领图形应该是角度大约为 147°的形状，见图 7 - 32。

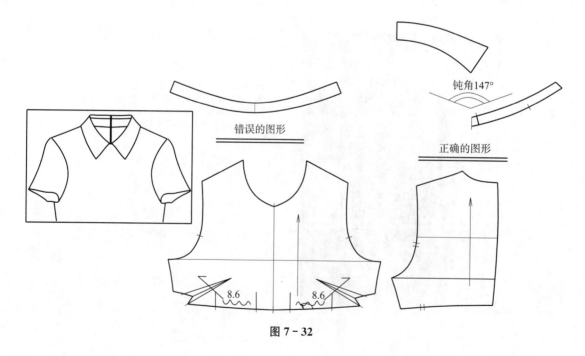

图 7 - 32

第十一节　服装打板中外圆与内圆差数处理

　　服装打板中,常常出现外圆与内圆的差数处理,例如牛仔裤的弧形前袋的袋贴可以看作内圆,袋口可以看作外圆,那么这两个弧线不能绝对相等,袋口弧线要在袋贴弧线基础上加长0.5cm左右,这样穿着于人体后袋口才会平服,见图7-33。西裤斜插袋也要这样处理。

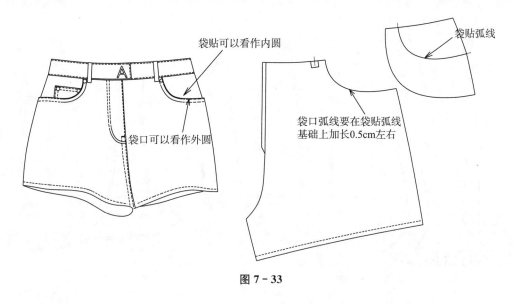

图 7-33

　　再例如有较宽折边的西装袖口,袖口和折边净线也可以看作外圆和内圆的关系,这时需要把折边线条两头各减短0.2cm,这样折边翻转后,内圆不会起皱,袖口效果更加平服自然。其他有比较宽的折边部位也可以这样处理,图7-34。

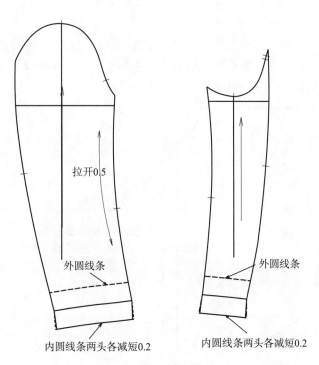

图 7-34

第十二节　鱼尾裙隐藏分割缝的处理

图7-35中的这款鱼尾连衣裙,下摆的形状可以处理成一边有折角的线条,另一边的线条弯度比较平缓,当这两个线条拼合后,既可以产生鱼尾造型的效果,又可以使分割缝隐藏在下摆波浪的一侧。

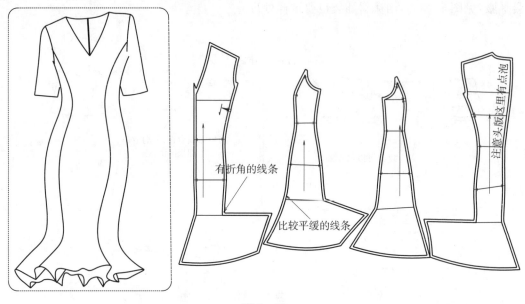

图 7 - 35

第十三节　大摆裙的线条变化

大摆裙也称太阳裙,由于布料的纱向是直纹或者横纹的部位长度变化比较稳定,而两边纱向变成斜纹的时候,就会出现成衣在这个部位变长的现象,这时需要把可能伸长的量提前减去,这时下摆线条就并非是一个简单的圆形,而根据纱向的角度有弯度的变化,见图7-36。

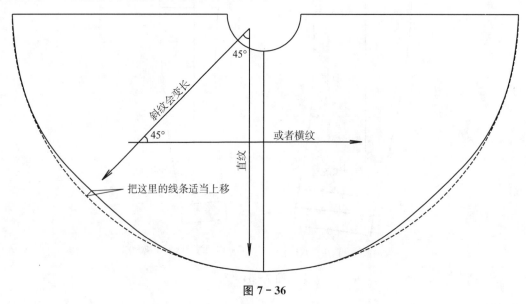

图 7 - 36

第十四节　裤脚口线条的形状和变化

长裤脚口线条,从理论上说是水平的,但是在实际工作中不一定是水平的,这是因为在实际试穿时,如果前片或者后片有斜褶,就要适当微调裁片的形状,最后就变成脚口线条不水平的形状,这种微调数值有时比较小,很容易被忽略。但是我们要知道,长裤脚口线条不是一成不变的水平形状,是可以适当变化的,见图 7 - 37。

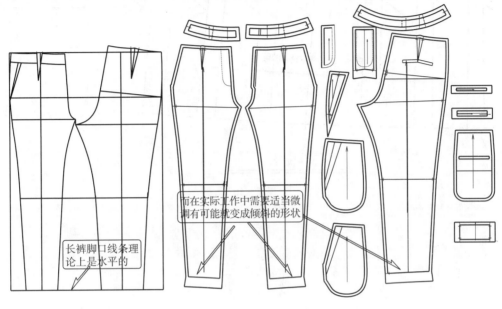

图 7 - 37

注意,布料有格子和条纹的时候,裤脚口线条要求水平,前后中缝线条尽量垂直。

第十五节　排褶裁片的微调处理

并列排褶的款式,褶位很容易豁开。当我们把褶面层的角向下移动 0.1~0.3cm 时,这样缝合后褶的效果更加自然,不会豁开,见图 7 - 39~图 7 - 41。

 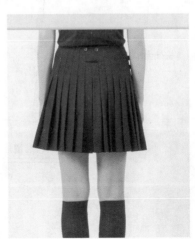

图 7 - 39

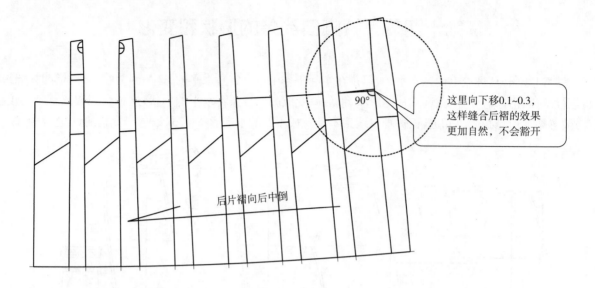

这里向下移0.1~0.3，这样缝合后褶的效果更加自然，不会豁开

后裙片

图 7 - 40

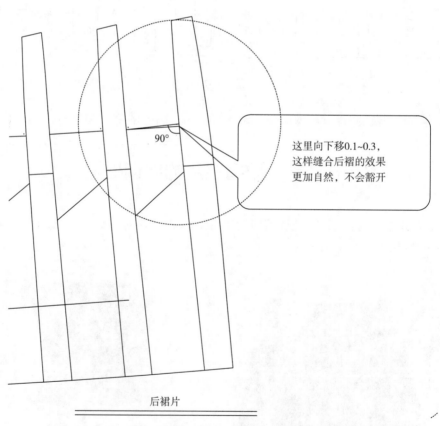

这里向下移0.1~0.3，这样缝合后褶的效果更加自然，不会豁开

后裙片

图 7 - 41

第十六节　裤子活褶的微提处理

同样的原理,裤子有前褶,需要把图7-42所示位置稍向下移0.1~0.3cm,这样裤子缝制好了以后前中缝和褶位就会上提,效果会更好。

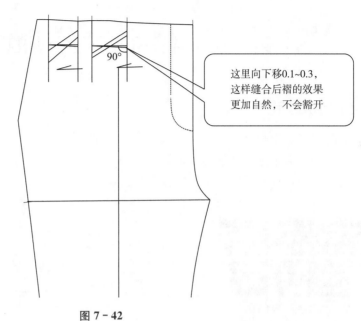

90°

这里向下移0.1~0.3,这样缝合后褶的效果更加自然,不会豁开

图 7 - 42

第八章　板型弊病修改

第一节　裙子和裤子易出现的弊病修改

1. 裙子后中起吊

弊病描述：裙子后中起吊。

弊病原因：裙子后中的长度不够。

解决方案：在原裁片的后中上端增加适当的高度，见图8-1。

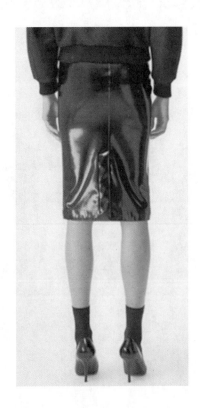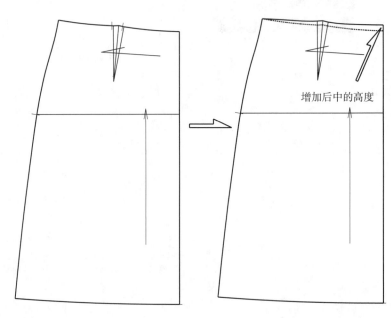

图8-1

2. 裙子前衩豁开怎么办

弊病描述：前中开衩的裙子，衩子倾斜不垂直，不闭合。

弊病原因：衩子开口比较长，布料比较疏松，见图8-2。

解决方案：在衩子里面上端缝合一段，使衩子变短，但是外观没有变化，见图8-2。

前衩豁开　　　　　　　　裤子里面缝合一段　　　　　　修改后的效果

图 8 - 2

3. 裤子前裆弧形多布

弊病描述：前裆多布，不平服。

弊病原因：前龙门太长，臀围太大。

解决方案：在原纸样的基础上，减少前龙门，然后检查臀围，把臀围适当，见图 8 - 3。

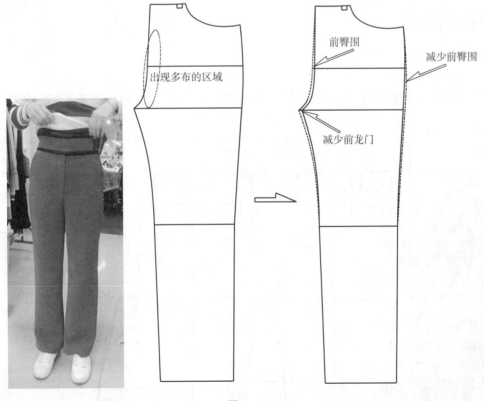

图 8 - 3

4. 裤子后裆多布

弊病描述：后臀部位出现多布、空鼓的现象。

弊病原因：后片的后臀围、后腿围太大。

解决方案:适当减小后龙门,后臀围和后腿围,见图 8 - 4。

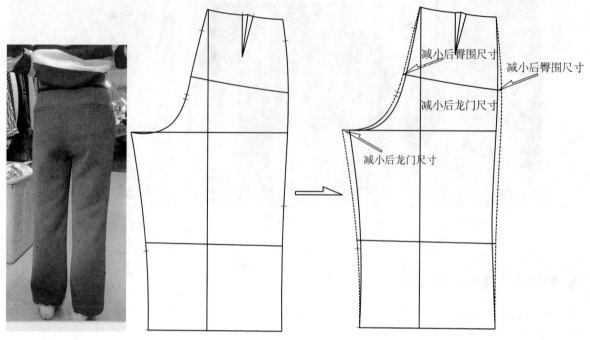

图 8 - 4

5. 裤子前裆有斜褶

弊病描述:前面受牵扯产生了斜向褶痕。

弊病原因:前裆长度不够。

解决方案:向下拉伸前裆底部,使前裆变长一些,注意后裆也同步拉伸,使后内缝比前内缝短 0.5~1cm,见图 8 - 5。

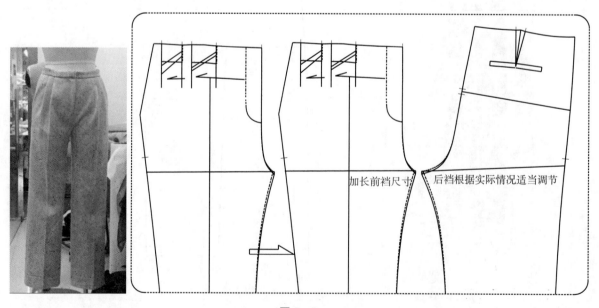

图 8 - 5

6. 短裤穿着后,弯腰和下蹲时后片绷紧

弊病描述:短裤下蹲感觉困难,后片扯紧,前片多布。

弊病原因:后片宽度偏小。

解决方案:适当切展后裤脚,增大后裤脚,同时增加后臀围,见图8-6、图8-7。

图8-6

图8-7

没有弹力的短裤常常会出现这种情况,解决的方法是把后片下半段加宽,再把后裆在裆底部位切展开1cm,使后裆的弯度变得更大,见图8-8。

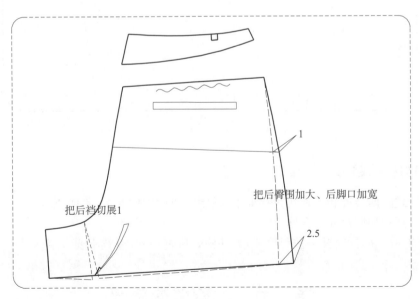

把后裆切展1

把后臀围加大、后脚口加宽

2.5

1

图8-8

7. 裤子后片不提臀

弊病描述：裤子后片向下塌，不够提臀。

弊病原因：后片臀部的空间太大。

解决方案：裤子提臀，顾名思义就是使后臀部位向上提起。要达到这个目的，必须把后片的后腰口、后省部位、后中起翘都减去部分空间，才能使后臀上移而达到提臀的效果，见图8-9。

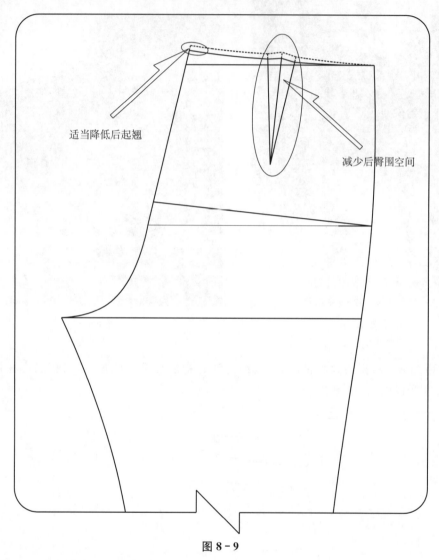

适当降低后起翘

减少后臀围空间

图 8-9

8. 西装袖和衬衫袖起吊

弊病描述：两片式的西装袖和一片式衬衫袖子，缝制完成后袖中起吊，不顺直。

弊病原因：袖山高和袖肥尺寸不合理。

解决方案：增加袖山高，同时减少袖肥尺寸，另外检查肩宽尺寸，肩宽不要太窄。

第二节　上衣弊病修改

1. 连衣裙后领不贴身

弊病描述：后中装隐形拉链前中相连的领子，领子的后领不贴脖子。

弊病原因:领座后端的角度有问题。

解决方案:改变领座后端的角度,使之变成倾斜的,同时减短领面的长度,见图 8-10。

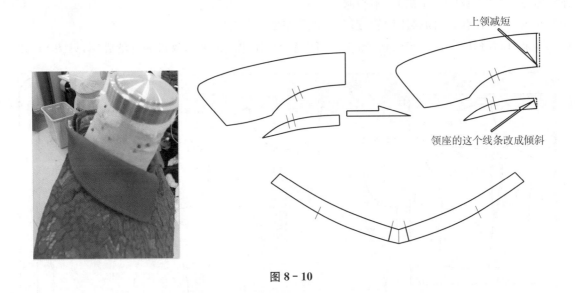

图 8-10

2. 旗袍立领有斜褶

弊病描述:旗袍立领完成后不平服,有斜向褶痕产生。

弊病原因:这款旗袍领子在拉捆条的时候有抽紧的现象,造成领面不平服。

解决方案:拉捆条的时候注意不可以抽紧,或者在没有拉捆条之前,就用熨斗把领子外围做拔开处理,
见图 8-11。

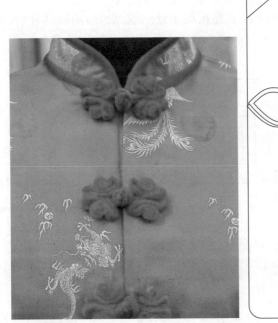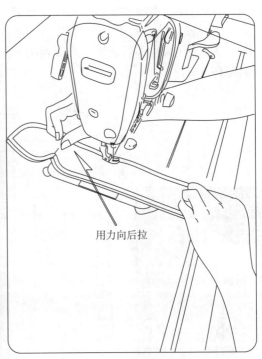

图 8-11

3. 后中衩起泡豁开

弊病描述：后背开衩的衩子豁开，不平服。

弊病原因：后衩比较长，面料比较软，造成起泡不平服。

解决方案：在开衩的部位加窄的衬条，用来增加衩子的硬度，就可以改善豁开的弊病，见图 8‑12。

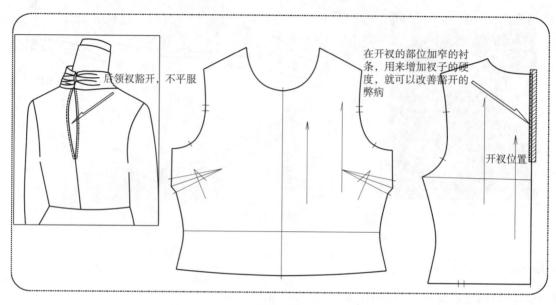

图 8‑12

4. 领圈起皱

弊病描述：门襟扣合后，前领圈和前肩处牵扯起皱。

弊病原因：前后领横尺寸差数不合理，有借肩的结构也容易出现这种弊病。

解决方案：增大前领横，减小后领横。最直观的方法就是用坯布裁出前、后片，简单缝合后，穿在人台上检验实际效果，见图 8‑13。

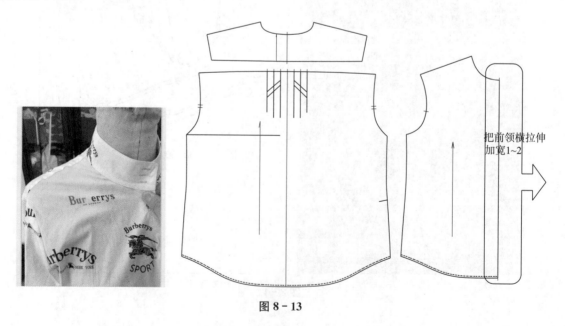

图 8‑13

5. 褶下垂,没有横褶

弊病描述:褶痕下垂,难以形成需要的横向褶痕。

弊病原因:首先要知道,横向褶是由于横向尺寸比较紧才会产生的,褶痕下垂,是由于引力作用而产生的。

解决方案:出现这种情况时,需要把横向的尺寸适当减小,就会产生明显的横向褶,见图 8－14～图 8－16。

图 8－14

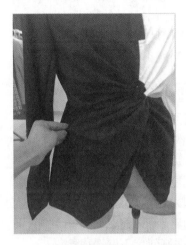

图 8－15

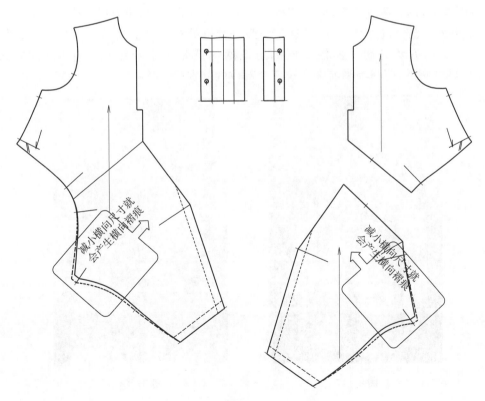

图 8－16

第二节　弊病的综合治理

有一些弊病不是单一的原因造成的,如果仅从单一的角度来修改,无法达到预期的效果,需要从多方面综合调整,例如前中起吊的问题就需要从下述多方面进行治理和调整。

第一是加胸省。有的款式没有胸省,容易产生前中起吊的弊病,解决方案是加入胸省。

第二是向上拉伸前肩颈点。有的款式客户不允许加胸省,那么就可以向上拉伸前肩颈点,以增大胸部的空间,这样可以解决前中起吊的弊病。

第三点是减小下摆尺寸。在实际工作中发现,还有一种情况就是下摆尺寸太大,造成了前中出现起吊的弊病,这时需要适当减小下摆的尺寸。

1. 综合治理前袖窿下半部分空鼓

弊病描述:上衣的前袖窿下半部分出现空鼓。

造成袖窿下半部分空鼓的原因很多,出现这种空鼓弊病,要细心观察和分析前袖窿处的褶痕方向和受力方向,对这些部位尺寸进行检查校对和调整。

弊病原因1:胸围尺寸太大、太松造成空鼓。

弊病原因2:胸围尺寸太小,引起牵扯造成空鼓。

弊病原因3:袖窿太小造成空鼓。

弊病原因4:肩斜倾斜度不够造成空鼓。

弊病原因5:无胸省和胸省量太小造成空鼓。

(注:在实际工作中,也有另外一种情况发生,就是由于前胸围太大造成空鼓,这种空鼓前片看上去比较松;如果前胸围太小,也会造成空鼓,但是这种空鼓是尺寸不够,胸部受力后产生牵扯造成的)

胸围尺寸如果太小也会造成空鼓,但是这种空鼓是袖窿处被牵扯而造成的横向褶痕,要和胸围尺寸太大的空鼓进行区分,方法是用手捏住衣服的胸围两侧感觉一下衣服放松量的情况,见图8-17、图8-18。(注意区分胸围,前胸围和前胸宽这三个部位的分别)

图8-17

图8-18

袖窿太小造成的空鼓,需要穿在人的身上或者穿在有手臂的人台上,才能看出,如果袖窿明显偏小,可以适当进行调整修改。

2. 综合治理后领和后衩下垂

弊病描述:后领背部处的开衩出现下垂不平服,见图 8-1。

弊病原因:由于面料太薄太软,没有支撑力,另外领子由于向下的引力作用导致下垂。

解决方案:第一个修改方法和上一节的衩豁开的解决方案一样,在后领衩部位加衬条,用来增加后领衩的硬度。第二个修改方法是在领子的反面钉两个扣子,可以使这种弊病得到明显的改善。原理是钉一个扣子容易变成领子旋转的圆心,而钉两个扣子则起到固定领子的作用,见图 8-19。

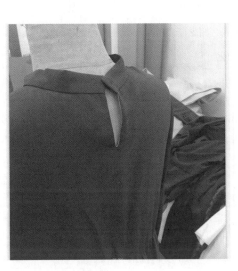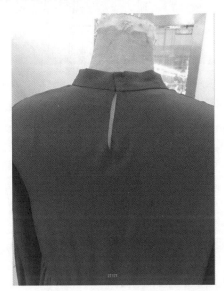

图 8-19

3. 综合治理后袖多布

弊病描述:后袖多布并且有斜褶,见图 8-20~图 8-22。

弊病原因:袖山刀口过分朝前,前、后袖窿长度不合理。

解决方案:①把袖山刀口向后移动 1cm 左右;②增加前胸围,减少后胸围,以适应袖山弧线的长度变化。

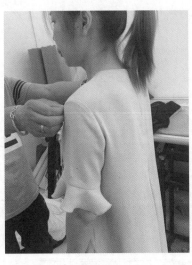

图 8-20　　　　　　　　　图 8-21

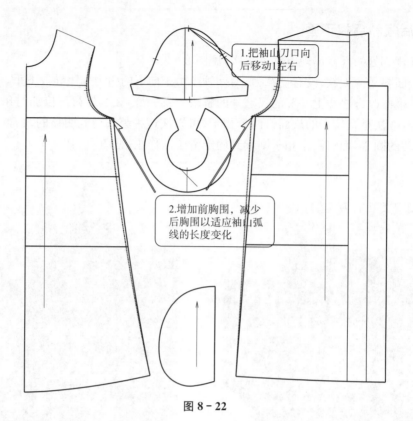

1.把袖山刀口向
后移动1左右

2.增加前胸围，减少
后胸围以适应袖山弧
线的长度变化

图 8 - 22

4. 综合治理门襟不垂直

弊病描述：门襟不垂直，并且有重叠交叉的弊病。

弊病原因：①装门襟时吃势不均匀；②肩颈点向上拉伸；③前下摆尺寸太大。见图 8 - 23。

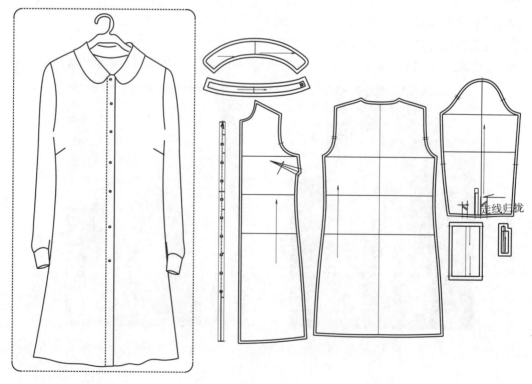

直线归拢

图 8 - 23

解决方案：

①安装门襟时,控制吃势,使之均匀分布。

②如果肩斜的角度已经很倾斜,可以把前后肩缝线条调成S形,这样肩斜的角度不变,肩头又可以增加空间。

③门襟交叉,可以把前摆劈去一定的量,然后再摆正裁片,把门襟纱向调至垂直,注意口袋位、口袋角度和形状都要相应改变。

5. 综合治理袖子抬手困难

弊病描述:抬起手臂困难。

弊病原因:①袖山和袖肥尺寸不合理;②肩宽尺寸太宽。

解决方案:增加袖山高尺寸,减少袖肥尺寸,同时减少肩宽尺寸,见图8-24、图8-25。

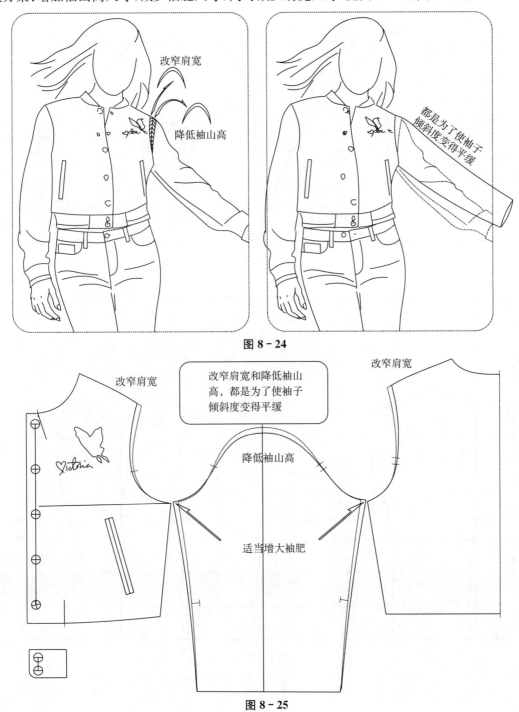

图 8-24

图 8-25

6. 综合治理后领过于贴脖子的解决方案

弊病描述:后领过于紧贴脖子,没有一点空隙。

弊病原因:后领圈深度太浅。

解决方案:把后领圈挖深一些,见图8-26、图8-27。

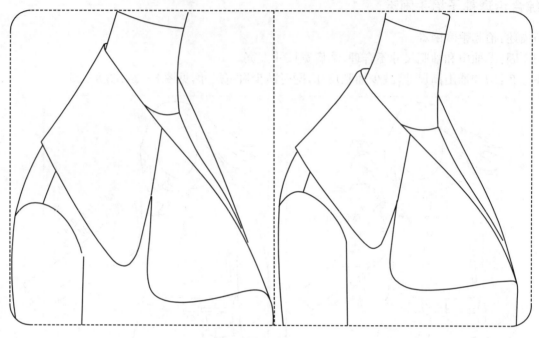

图8-26

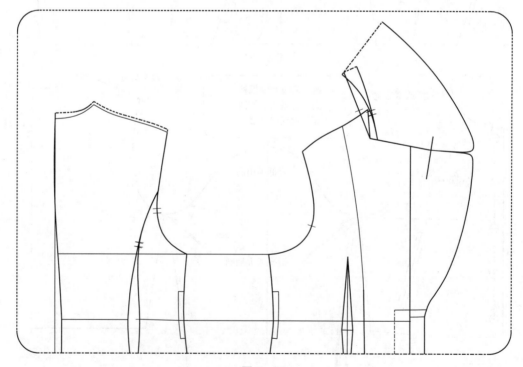

图8-27

7. 西装领子外围空鼓综合治理

弊病描述：西装领外围空鼓不贴身。

弊病原因：①领子和驳头的串口线部位角度不吻合；②领子和领座的弯度不合理。

解决方案：①改变领子和驳头串口线部位的角度；②根据驳头深度和叠门宽度适当改变领子和领座的弯度。

8. 领子内围起皱多布怎么办？

弊病描述：领子内围起皱、多布，不平服。

弊病原因：挂面领子的布太薄。

图 8-28 中的领子和挂面是连在一起的，这个白色布要和衣身的黑色布厚度一致，如果白色布太薄，就很容易在后领产生起皱。

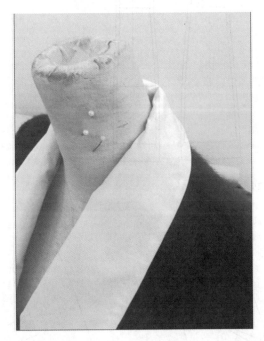

图 8-28

解决方法 1：就是白色的挂面选用厚度和硬度都和衣身一样的布料。

解决方案 2：领脚稍拉开。

翻领的领面和领底存在着内圆和外圆的差数，常常会出现衣服穿着后，领子内围多布的现象，解决方法是配领时有意把领脚长度比领圈长度短 0.5～1cm，安装领子的时候把领脚拉开再装领。图 8-28 是西装领的领脚拉开状况。

解决方案 3：青果领多加一个分割，然后再拉开领脚。

由于青果领的领子和挂面是连接在一起的，而后领圈的长度为 8.5cm 左右，根据面料的紧密程度的不同，可以拉开 0.3～0.5cm（半围），如果效果不明显，可以在挂面上端再分割开一个小裁片，这样领脚的长度就变大了，就可以拉开 0.5～0.7cm（半围），这样后领起皱多布的弊病就得到缓解或解决了。详细步骤见图 8-30～图 8-34。

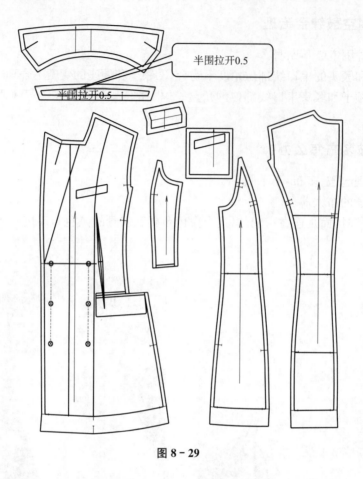

半围拉开0.5

半围拉开0.5

图 8 - 29

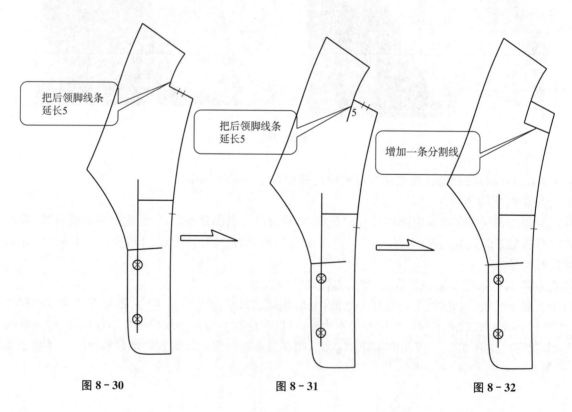

把后领脚线条
延长5

把后领脚线条
延长5

增加一条分割线

图 8 - 30

图 8 - 31

图 8 - 32

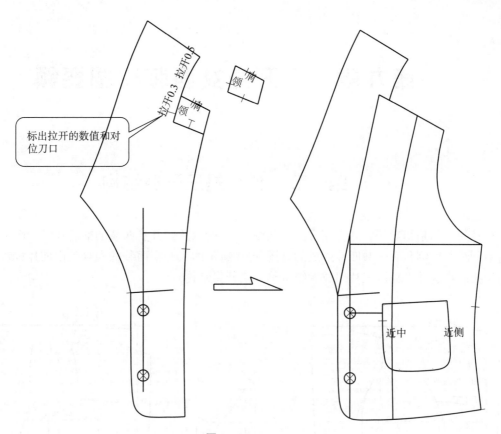

图 8－33

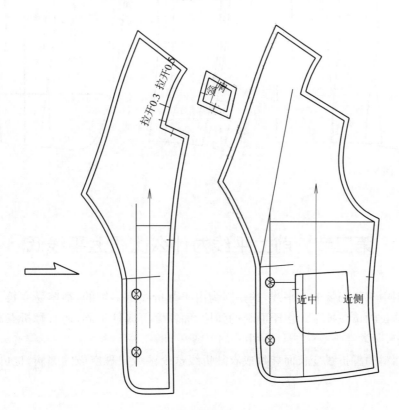

完成后的裁片形状

图 8－34

第九章　三开身女西装绘图要领

第一节　什么是三开身结构

三开身的名称是相对于四开身而言的。从图9-1所示的四开身西装的前后片结构图中可以看到,衣身是由前中、前侧、后侧和后中共四片组成的。图9-2所示的三开身西装的衣身是由前片、侧片和后片共三片组成的。我们将这种半身由三片组成的结构称为三开身结构。

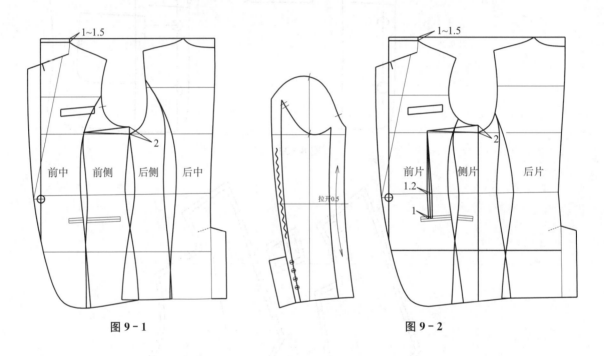

图9-1　　　　　　　　　　　　　　图9-2

第二节　前上平线为什么比后上平线低

三开身西装制图中都要降低前上平线,这是因为由于翻折线是斜纹的,很容易变长,降低前上平线其实是把翻折线可能会伸长的量减掉了。由于面料的弹性、面密度等属性不同,还有翻折点高度不同,这个数值要根据实际情况确定,通常在1.5~2cm,见图9-3~图9-5。

为了防止斜纹面料的翻折线变长而导致成衣翻折线这个区域出现空鼓的弊病,也可以用直纹衬条固定翻折线,见图9-6。

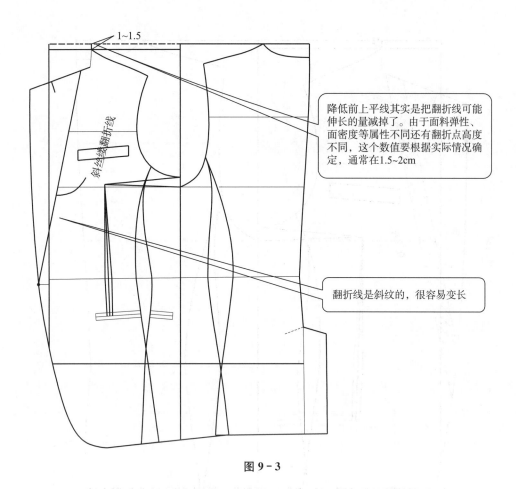

降低前上平线其实是把翻折线可能伸长的量减掉了。由于面料弹性、面密度等属性不同还有翻折点高度不同，这个数值要根据实际情况确定，通常在1.5~2cm

翻折线是斜纹的，很容易变长

图 9 - 3

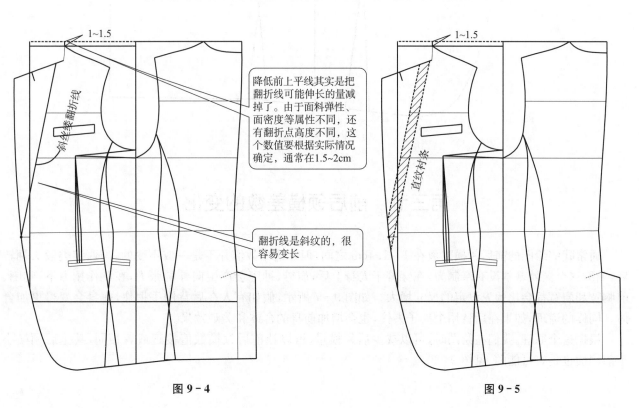

降低前上平线其实是把翻折线可能伸长的量减掉了。由于面料弹性、面密度等属性不同，还有翻折点高度不同，这个数值要根据实际情况确定，通常在1.5~2cm

翻折线是斜纹的，很容易变长

图 9 - 4

图 9 - 5

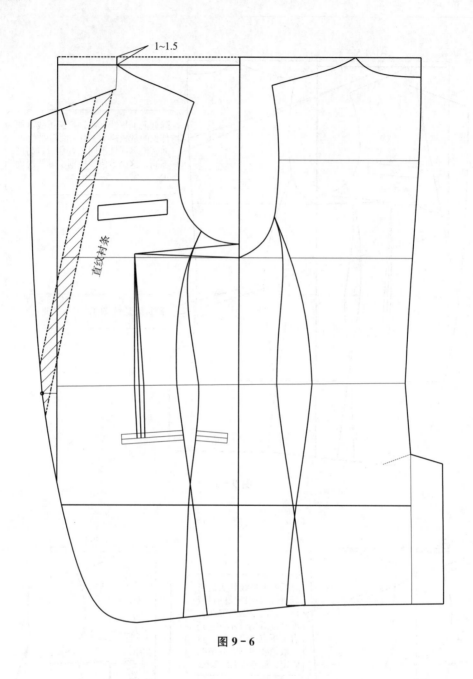

1~1.5

直纹衬条

图 9-6

第三节　前后领横差数的变化

　　通常我们绘图的前后领横差数在 1~1.4cm 之间,但是这个数值并不是一成不变的,当西装类驳头翻转后,前胸这个区域基本没有牵制力,在穿着于人身上后,肩缝、袖窿会产生向外的张力,在此作用力下,胸围、前胸宽和肩宽都会比预先设定的尺寸增大。如图 9-7 所示,假如有人在后背用手捏住,前身会变得更加合体。同样的道理,如果在后背用个夹子夹住,也会增加前身的合体和美观效果。

　　根据这个原理,我们在绘图时,可以减少后领横量,可以让前后领横数值接近或者相同,甚至后领横小于前领横也是有可能的,见图 9-8。

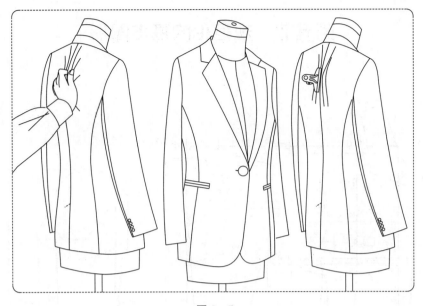

图 9 - 7

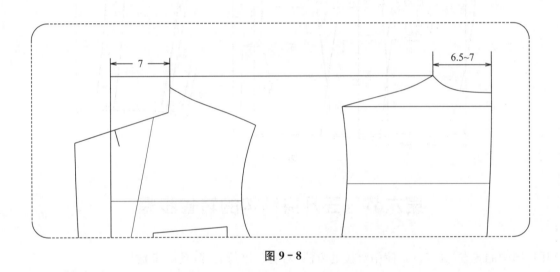

图 9 - 8

第四节　为什么三开身要减少胸省量

三开身减少胸省量有三个原因：

第一，很多西装在穿着时，钮扣是不需要扣起来的，如果胸省量仍然按 3cm 设置，钮扣不扣时，胸部就会出现多布起褶的现象，影响美观。

第二，由于斜纹的翻折线很容易伸长，那么在降低前上平线的同时，胸省量也要适当减少，这样前后袖窿弧线可以保持适当的差数，一般为 1~1.5cm，这样比较方便配袖子。

第三，胸省量比较大的衣服在销售时挂在店里，胸部会起泡，经过减少胸省量处理后，就会显得更加平整和美观。

第五节　规范化的基本图形

见图9-9。

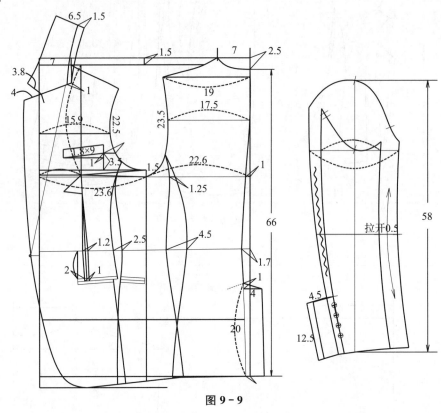

图9-9

第六节　三开身结构的转省步骤

三开身结构的转省,其实就是使用对接的方法,对省位进行处理,具体步骤是:
第一步,先把底稿上前片和侧片分离开,不要有重叠的线条,见图9-10。

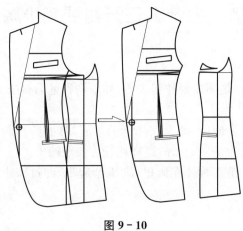

图9-10

第二步,把侧片的小三角形侧片对接到大侧片上,然后重新画顺线条,见图 9－11。

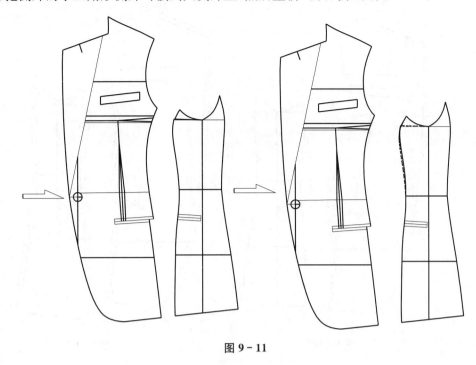

图 9－11

第三步,把前片的胸省和腰省两个省的端点相交在一个点上,见图 9－12。
第四步,仍然使用对接的方法,把胸省转移到腰省,然后画顺线条,见图 9－13。

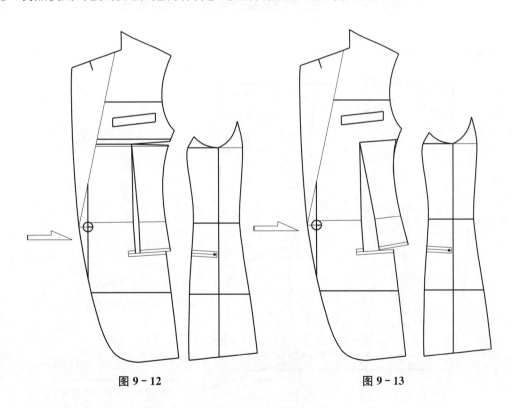

图 9－12   图 9－13

第五步,把转移后的腰省适当改短,不要直接到达胸高点,见图 9－14。
第六步,画出腰省的打孔位,最后画出裁片的缝边和折边,见图 9－15。

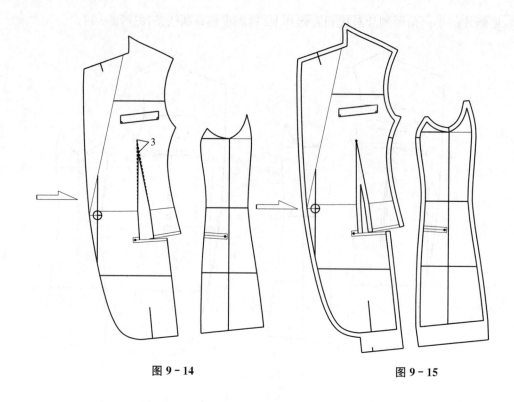

图 9 - 14   图 9 - 15

第七节   三开身结构变化和演变

第一种,有前腰省的结构,见图 9 - 16。

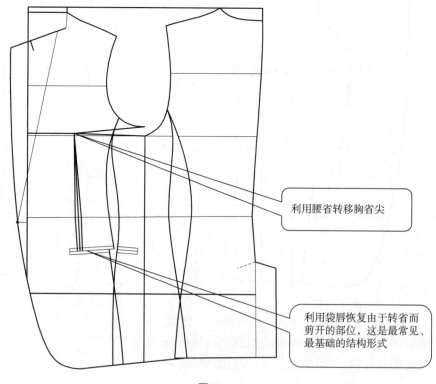

利用腰省转移胸省尖

利用袋唇恢复由于转省而剪开的部位,这是最常见、最基础的结构形式

图 9 - 16

第二种,没有前腰省的结构,见图 9 - 17。

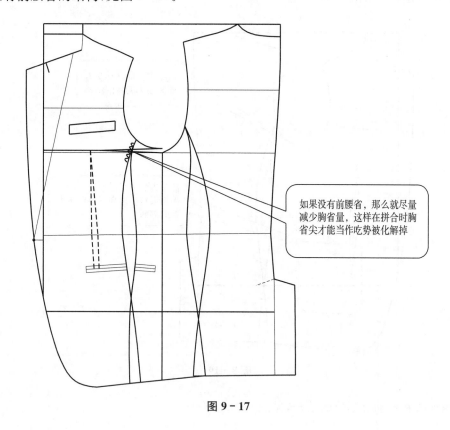

如果没有前腰省,那么就尽量减少胸省量,这样在拼合时胸省尖才能当作吃势被化解掉

图 9 - 17

第三种,贴袋的结构,见图 9 - 18。

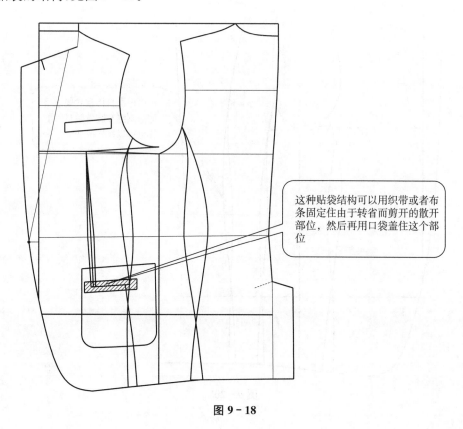

这种贴袋结构可以用织带或者布条固定住由于转省而剪开的散开部位,然后再用口袋盖住这个部位

图 9 - 18

第四种,后借前的结构,见图9-19。

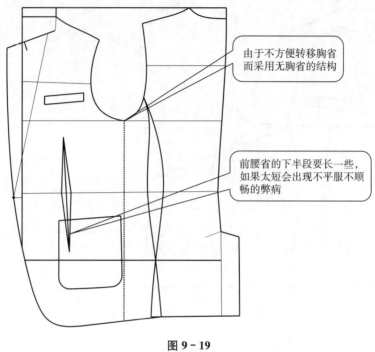

由于不方便转移胸省而采用无胸省的结构

前腰省的下半段要长一些,如果太短会出现不平服不顺畅的弊病

图 9-19

第五种,任意加减和移动分割缝的结构,见图9-20。

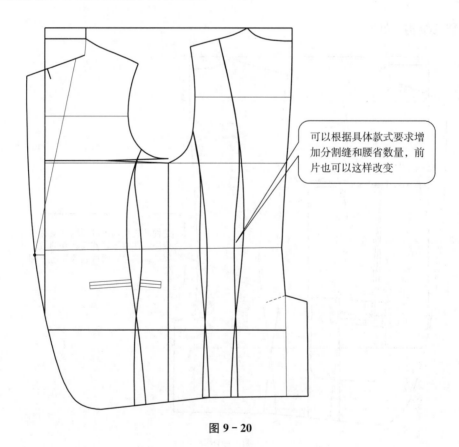

可以根据具体款式要求增加分割缝和腰省数量,前片也可以这样改变

图 9-20

第六种,不收腰,右边双袋的结构,见图9-21。

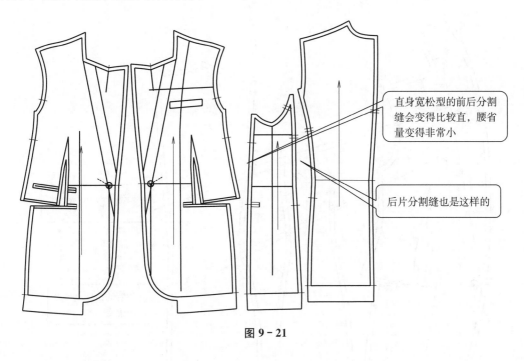

直身宽松型的前后分割缝会变得比较直,腰省量变得非常小

后片分割缝也是这样的

图9-21

第七种,直身斜省的结构,见图9-22。

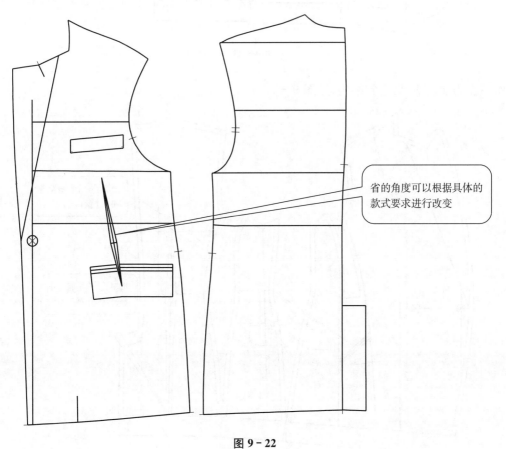

省的角度可以根据具体的款式要求进行改变

图9-22

第八种,演变为青果领结构,见图 9 - 23。

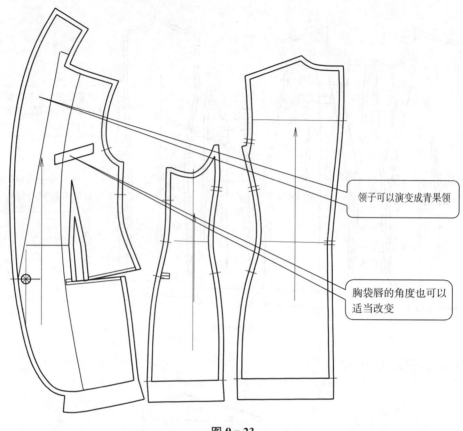

领子可以演变成青果领

胸袋唇的角度也可以
适当改变

图 9 - 23

第九种,演变为前活褶、后直省结构,见图 9 - 24。

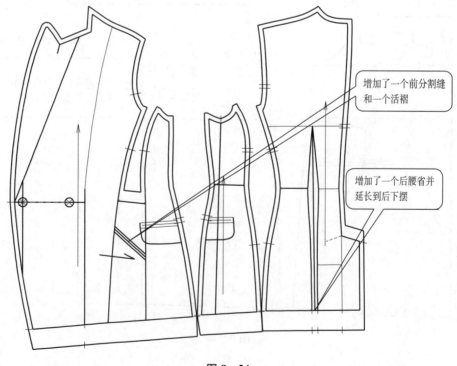

增加了一个前分割缝
和一个活褶

增加了一个后腰省并
延长到后下摆

图 9 - 24

另外,在衬衫、连衣裙和卫衣款式中,也会用到三开身结构,绘图方法和原理相同。

第八节　三开身和四开身结构的互相转换

在实际工作中,有时需要把四开身结构和三开身结构互相转换,这种互换需要对两种结构都熟练了解,并且要充分考虑到相关的情况变化。

第一种,三开身转换成四开身。

第一步,恢复胸省,见图9-25、图9-26。

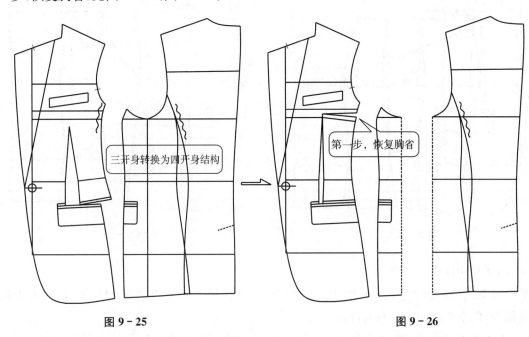

图9-25　　　　　　　　　　　　　　　　　　　图9-26

第二步,分离前后侧片,见图9-27。

第三步,设置前、后侧缝,见图9-28。

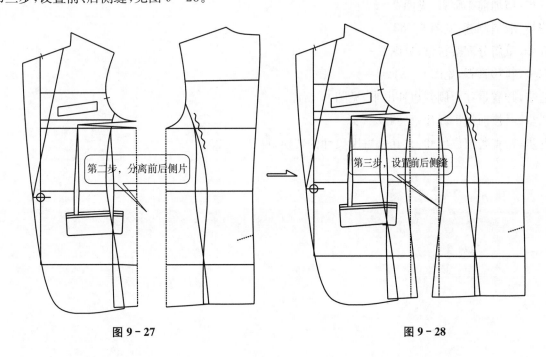

图9-27　　　　　　　　　　　　　　　　　　　图9-28

第四步,设置前公主缝,见图9-29。

第五步,重新分配腰省量,见图9-30。

第六步,检查各部位尺寸,尤其是臀围尺寸。

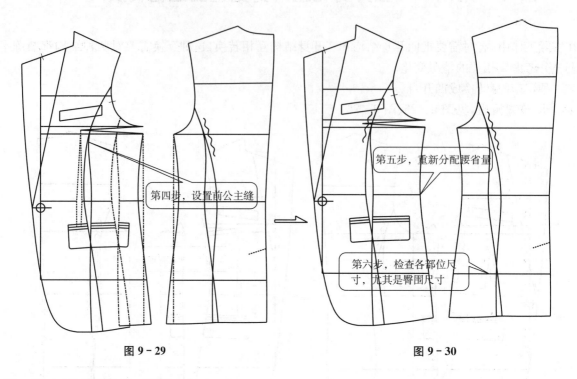

第四步,设置前公主缝

第五步,重新分配腰省量

第六步,检查各部位尺寸,尤其是臀围尺寸

图 9-29   图 9-30

第二种,四开身转换成三开身。

首先把四开身结构的胸省还原,或者用没有转移胸省的图稿来查看胸省量的数值大小,因为胸省量和新款式驳头的深度、上平线的高度有对应的关系。

第一步,查看胸省,驳头越低,上平线越向下移,胸省量变小,前胸宽也会变窄,见图9-31。

第二步,移动前公主缝的位置,见图9-32。

第三步,增加前小腰省,见图9-32。

第四步,取消侧缝,见图9-33。

第五步,重新分配腰省量,见图9-33。

第六步,转移胸省,见图9-34。

第七步,腰省量在前侧旁边补出来,见图9-34。

第八步,对接前侧小裁片,见图9-34。

第九步,检查各部位尺寸,尤其是臀围尺寸的转换,见图9-35。

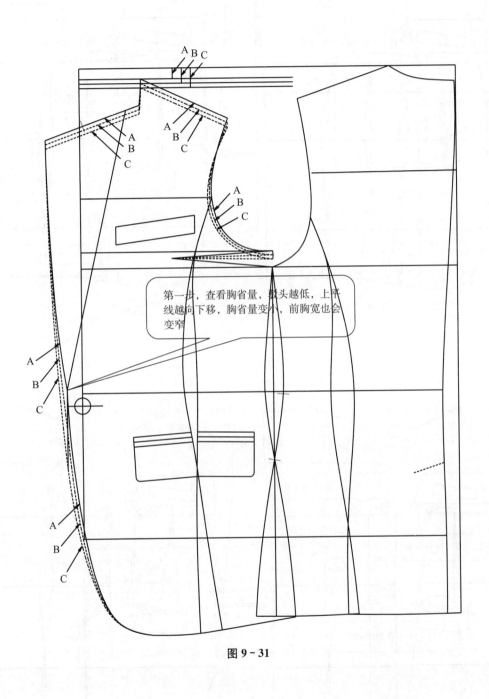

第一步，查看胸省量，驳头越低，上开线越向下移，胸省量变小，前胸宽也会变窄。

图 9－31

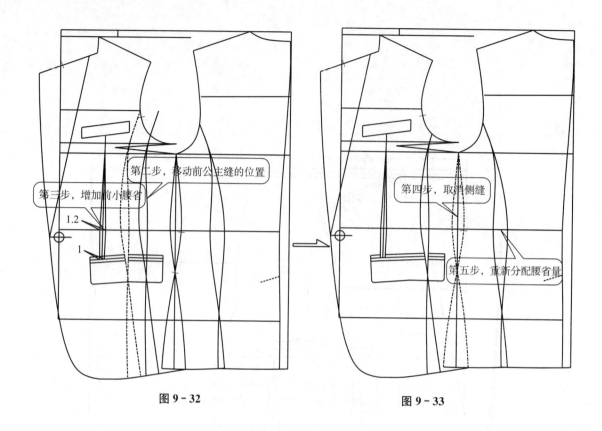

第二步，移动前公主缝的位置

第三步，增加前小腰省

1.2

1

图 9 - 32

第四步，取消侧缝

第五步，重新分配腰省量

图 9 - 33

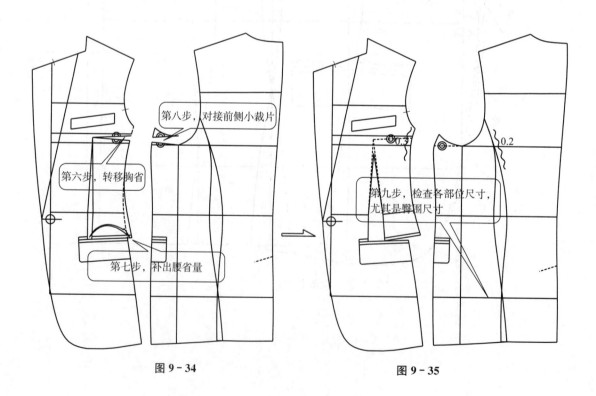

第八步，对接前侧小裁片

第六步，转移胸省

第七步，补出腰省量

图 9 - 34

0.3

0.2

第九步，检查各部位尺寸，尤其是臀围尺寸

图 9 - 35

第十章　西装袖袖底无余布技术

长期以来,怎样画出和做出美观顺畅、袖底无余布、造型优美的西装袖型,是多数从事制板的朋友的愿望。许多板师都在研究怎样使西装袖的袖窿和袖山线条能够高度吻合? 怎样才能装袖完成后使袖窿底部不要出现有余布的现象? 笔者也曾做过很多次绘图和缝制试验,也去学习了各种不同的配袖绘图方法,还尝试过各种服装 CAD 的自动生成西装袖的方法,只是效果都不是很满意。一次偶然的机会,笔者采用逆向思维的方法,结合老师傅传授的经验,就是用做好的袖子和袖窿进行缝合试制,如果发现不够吻合的时候就进行修剪,然后根据修剪的实际情况和数值来调整袖子和袖窿的形状和线条,也就是说,袖子和袖窿的吻合取决于装袖的方法和技巧,而不是之前我们寻求的线条的形状和绘图方法。

本章介绍的这种"以袖子配袖窿"的技术适用于要求比较高的西装缝制,以及服装工业生产中的样衣制作,经过这样的调整后,对纸样也进行同步的修改,就可以用于批量生产了,而在批量生产的流水线上,就不需要再这样调试了,只需要按常规的装袖方式和规则进行就可以了。

具体的操作步骤是:

第一步,检查衣身。

①检查肩宽。

②检查前袖窿,如果是前袖窿处发现空鼓现象,需要减少胸围,或者增加袖窿省,也可以合并转移袖窿省量。

③检查后袖窿。

后袖窿处有少量空鼓是正常的,由于人在移动或者开车时都需要活动空间,如果空鼓不是很严重,就不需要修改,即后袖窿不需要过分贴身,见图 10-1。

第二步,控制袖窿吃势量。

西装袖山的吃势并不是越大越好。有的朋友认为吃势量越大,立体感越强,这是错误的观点。根据笔者的经验,西装袖的吃势根据面料厚度的不同,全围控制在 1.7～1.9cm,不超过 2cm,只有少数比较疏松的面料才会增加到 2cm 以上。出现图 10-2 所示袖山起皱的现象,就是由于袖山吃势太多造成的。

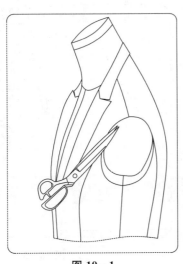

图 10-1

图 10-2

第三步,抽紧收缩袖山吃势,

可以用缝纫机收缩,也可以用手工收缩,收吃势的技巧是,在西装袖的袖山上半截的缝边上缉两道线抽吃势,这两道线距离边缘分别是0.3cm和0.75cm,缉两道线比缉一道线的效果更加明显。

抽吃势的线迹要求松紧适中,当用手提袖山的时候,袖山圆顺,袖子整体顺直。当袖子平放在桌面的时候,袖山止口要自然朝里面窝起,见图10-3。

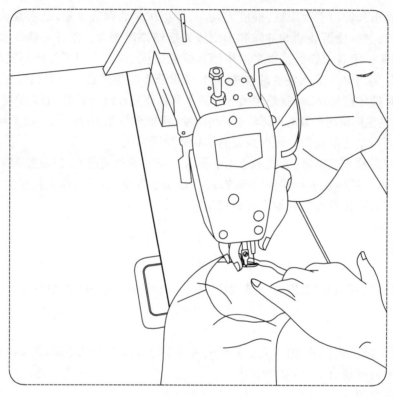

图 10 - 3

第四步,观察袖山吃势效果,

使袖山在自然状态下成圆顺的窝势,不要有明显的褶痕,见图10-4。

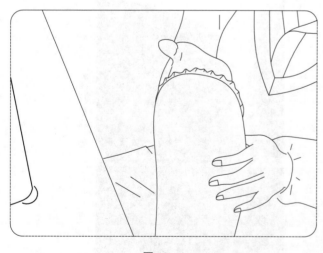

图 10 - 4

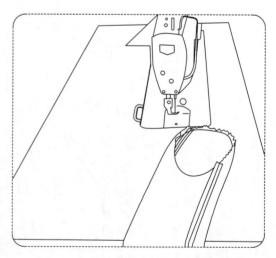

图 10 - 5

第五步,确定袖山顶端刀口位置。

把袖子放到人台上,调节袖子前倾程度,画出袖山顶端的对肩缝的标记,见图10-6。

第六步,缝合上半段。

用手缝针把袖山上半段缝到衣身上,见图10-7。

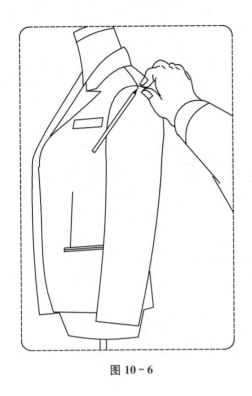

图 10-6

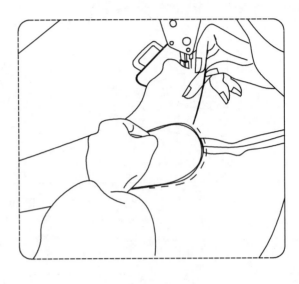

图 10-7

第七步,平铺衣服,整理袖山和袖窿,用大头针固定袖山下半段。

利用桌子的平面,使袖子和袖窿处于同一平面上,把袖子放在下面,衣身放在上面,整理袖山和袖窿,使袖山和袖窿自然吻合,无明显的牵扯和变形,再用大头针固定下半段。可以把放码尺插在袖子里面,防止大头针插到下层的布料,见图10-8、图10-9。

第八步,观察侧面和正面的效果。

把衣服穿到人台上,观察侧面和正面的效果,见图10-10。

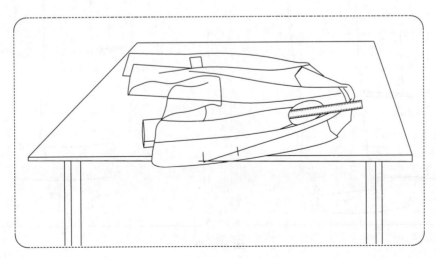

图 10-8

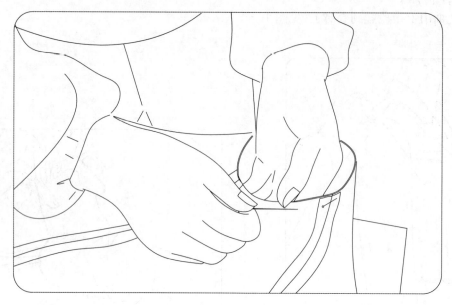

图 10 - 9

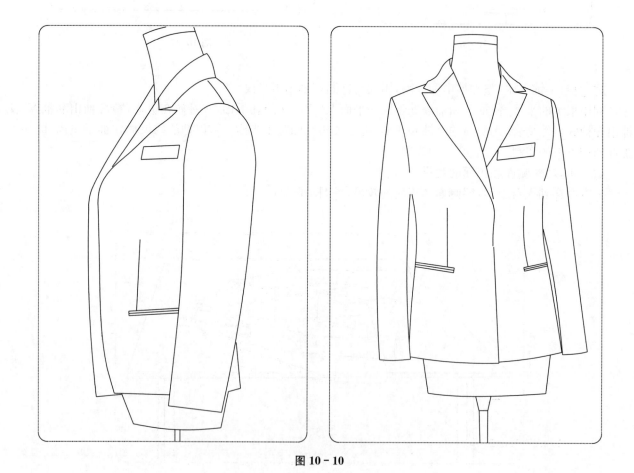

图 10 - 10

第九步,缝合下半段。

袖底如果有不吻合的部分,可适当修剪,再用缝纫机缝合,并加上弹袖棉,见图 10-11。采用这种方式安装西装袖,可达到比较圆顺、饱满、袖底没有多余量的效果。

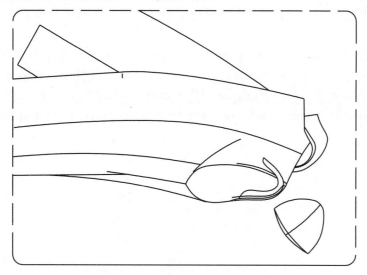

图 10-11

确认没有问题后,用手工或者缝纫机缝合下半段。

第十步,修剪多余的量,同步改纸样和 CAD 文件。

最后根据袖底实际修剪的情况,同步修改纸样和 CAD 文件,见图 10-12。

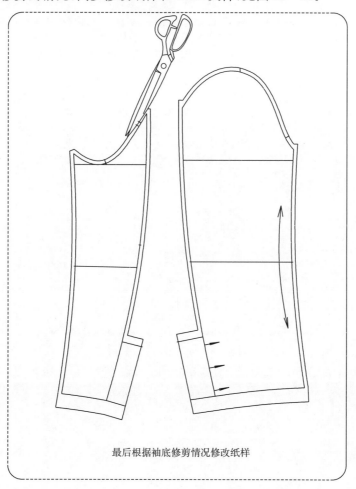

最后根据袖底修剪情况修改纸样

图 10-12

这种方法的要领是，袖子放在衣片的下面，由于桌面是平的，通过用袖子去和袖窿互相吻合来达到袖底无余布的效果。

虽然这种方法有时需要手工缝制，但是如果掌握了要领，手法熟练，可以在较短时间内完成，不会在配袖环节花费太多的时间。

由于服装技术重视操作手势和力度控制，而不太注重理论，所以有一部分读者朋友可能难以一下子掌握，这就需要面授和亲传了。不过，经过笔者和同事在服装公司数百次的实际实践证明，这种方法可以在短时间内配好袖子，而不会出现板师和样衣师各执一词的现象。掌握了这种方法，可以解决实际工作中有关西装袖的各种问题，操作熟练且掌握要领后，只要衣身上有个"洞"，就可以安装出顺畅美观的西装袖，从根本上解决西装配袖的问题。

第十一章　西装（大衣）细节处理歌诀详解

第一部分　衣身面布
双排下平分左右,大袖面前拔后归,
袋位刀口兼对位,胸袋位置零至四。

第二部分　里布松量和袖子
身袖松量衩方向,里布整片加省道,
袖口折边负缝角,如无袖即无后褶。

第三部分　领子和挂面
领长可短圈与座,挂面空位前无缺。
袋盖领驳线造型,小片衩上预空位。

第四部分　包扣、内袋和领子弯度
内袋挂里分左右,挂面拉伸兼包扣,
驳头越低领越直,门宽领弯肩颈角。

第五部分　刀口孔位和双袋
挂面二三对刀位,袖底夹底易消失,
折边衩位净刀口,双袋另侧无孔位。

第六部分　袖口、袖衩和双褶
衩子简化分左右,袖衩拉链里边长,
袖口对接线调顺,双衩工褶最特殊。

第七部分　毛向和条纹
对格对条要水平,对条小片加空位,
丝绒小片加刀口,不可对称分毛向。

第八部分　推板与检测
全局线条局部差,改码文字与号型,
复制档差查孔位,模拟块数襟袋距。

第九部分　垫肩、实样和其他
串口吻合查孔位,挂面实样有缩水,
借肩注意垫肩位,先改电脑后修剪。

歌诀作用与用法：

由于服装工业纸样是为批量生产而准备的,纸样上一点点看起来极小的疏忽,哪怕是一个小小的刀口,或者一个标注文字的错误,都会给裁剪和缝制生产带来很大的麻烦,造成无法弥补的生产事故和经济损失。为此笔者编写了《西装(大衣)细节处理歌诀》,这个歌诀包含了：

第一部分　衣身面布
第二部分　里布松量和袖子
第三部分　领子和挂面
第四部分　包机、内袋和领子弯度
第五部分　刀口孔位和双袋
第六部分　袖口、袖衩和双褶

第七部分 毛向和条纹
第八部分 推板与检测
第九部分 垫肩,实样和其他

这个歌诀不需要死记硬背,只需要在完成纸样后,或者完成推板后,依次按照歌诀进行对照检查,这样可有效地避免疏漏和遗漏细小环节,使工业生产的纸样从整体到细节更加全面和完善。

这个歌诀中有的科目内容是针对 CAD 打板的,现代服装打板工作中由于电脑的普及和 CAD 打板设备的价格下降,CAD 打板已经非常普及,几个人的服装作坊都会使用 CAD 打板,还有许多纸样师都有自己的绘图仪。当然对于初学者来说,学会手工打板仍然是很重要的。因此,针对 CAD 打板的项目对手工打板也有参考作用。

另外,对于其他款式如《半裙(裤子)细节处理歌诀》和《衬衫(连衣裙)细节处理歌诀》,则有待于以后有时间再进行整理,或者有读者朋友在学习和工作中进行整理和总结,因为整理和总结的过程本身就是一种特别有效的学习方式。

第一节 衣身面布

双排前片分左右,大袖面前拔后归,
袋位刀口兼对位,胸袋位置零至四。

1. 双排前片分左右

双排前片分左右,是指双排扣的款式,由于一般情况下,女装都是右边盖住左边,那么叠门下端的左右重叠部分要保持线条水平,见图 11-1,否则容易出现底层露出一个角的弊病。

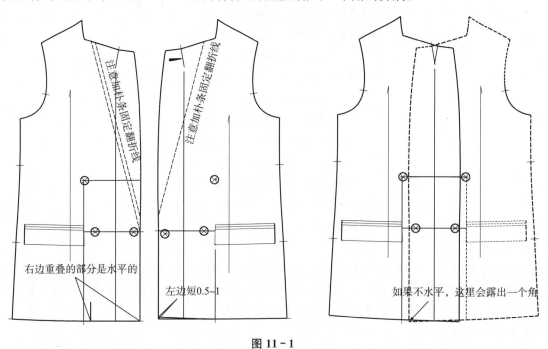

图 11-1

左边前下摆靠前中的位置要比右边稍短 0.5~1cm,具体数值要根据双排的叠门宽度和前下摆的弧度确定。另外就是凡有左胸袋的款式,由于左胸袋需要打孔定位,而右边则是不需要打孔的,如果打孔就会把裁片上的纱线打断,而使裁片报废,所以需要把左右片分开,见图 11-2。

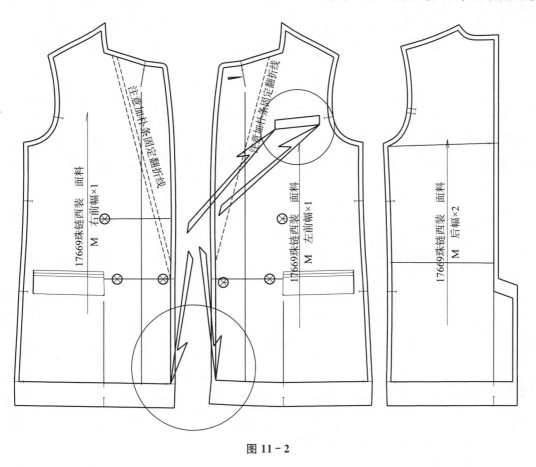

图 11 - 2

2. 大袖面前拔后归

是指西装袖的前袖缝要拔开,后袖缝要归拢,见图 11 - 3、图 11 - 4。

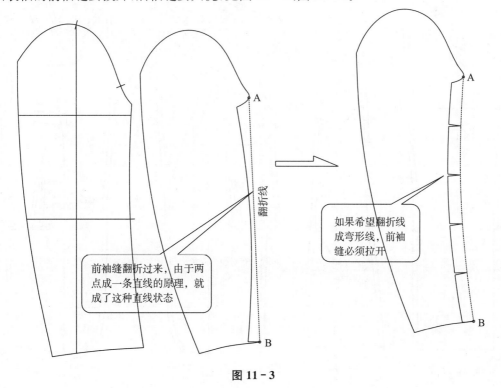

图 11 - 3

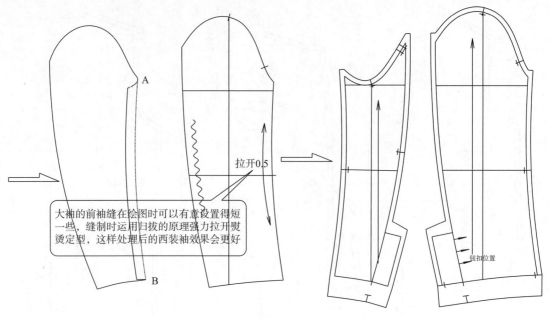

大袖的前袖缝在绘图时可以有意设置得短一些，缝制时运用归拔的原理强力拉开熨烫定型，这样处理后的西装袖效果会更好

拉开0.5

纽扣位置

图 11 - 4

3. 袋位刀口兼对位

见图 11 - 5。

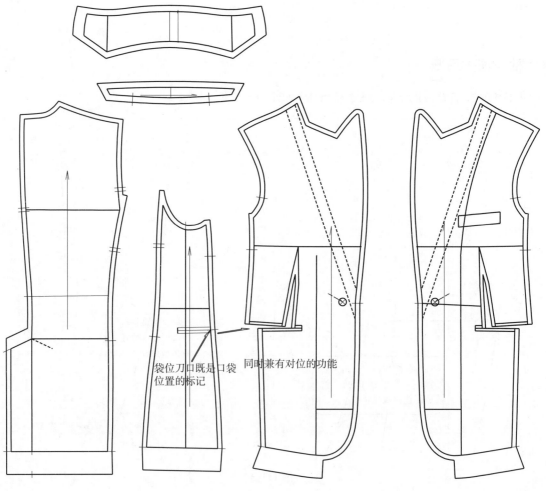

袋位刀口既是口袋位置的标记

同时兼有对位的功能

图 11 - 5

4. 胸袋位置零至四

是指西装左胸袋的下端位置位于胸围线向上 0～4cm 处，特殊的时装款式会有所变化，见图 11-6。

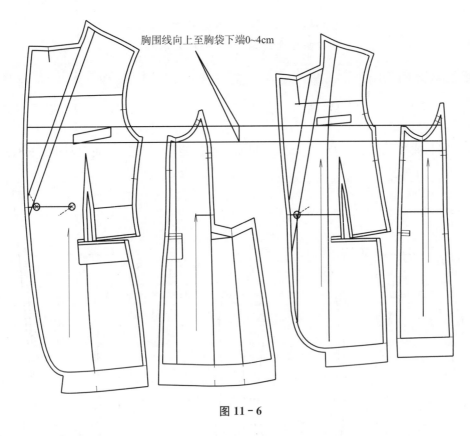

胸围线向上至胸袋下端0~4cm

图 11-6

另外还要注意里布胸袋的位置，如果仅仅是一边有内袋，那么前里布和挂面也要分左右，见图 11-7。

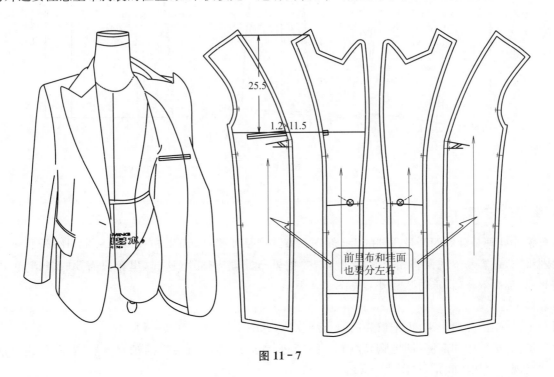

25.5

1.2 11.5

前里布和挂面
也要分左右

图 11-7

第二节　里布松量和袖子

身袖松量衩方向，里布整片加省道，
袖口折边负缝角，如无袖即无后褶。

1. 身袖松量衩方向

这里需要注意三个问题，一是大身和袖子松量，二是有衩子(后衩和袖衩)和没有衩子，里布的松量设置的区别，三是袖衩里布的方向。

前后小褶、后衩和袖衩里布拉伸1~1.5cm，袖里布上端拉伸，下摆横向拉伸，见图11-8、图11-9。

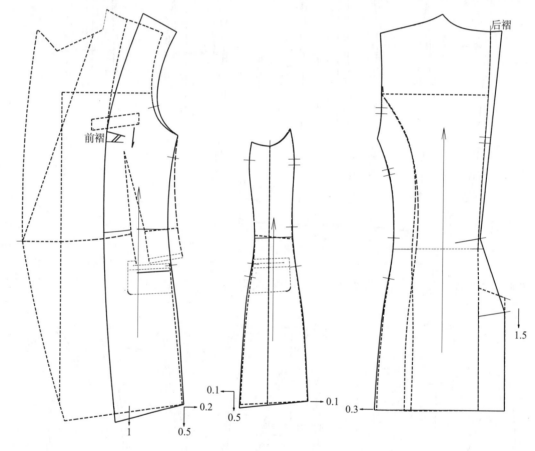

图11-8

2. 里布整片加省道

里布整片处理是针对四开身西装的，面布公主缝结构是弧形线，而里布通常比较薄、比较滑，弧形线拼合是很困难的，还容易出现误差和变形，因此，需要把里布处理成整片，这样，里布只需要收省道，可以节省缝纫的时间，提高效率(特殊时装除外)，见图11-10。

（1）前片的处理

第一步，把挂面分离出来，再把口袋的线条删除掉，见图11-11。

第二步，对接前中和前侧，即把胸高点和下摆点进行对接，然后再对接前袖窿点和胸高点，这时前胸部位会自动出现一个褶的间距，见图11-12。

第三步，以O点为圆心，旋转前上半部分，使前褶的量增大到1.5～2cm。

第四步，把前下摆靠前中处纵向延长1.5～2cm，见图11－13。

第五步，画出前腰省，新腰省量要和原腰省量相等，而腰省的长短和位置可以适当改变。

第六步，删除多余的线条，把褶线条、褶方向、刀口位、打孔位和缝边画完整（注意：这个里布是在面布基础上演变的，原面布下摆有比较宽的折边，而里布下摆的缝边只需要默认的1cm），见图11－14。

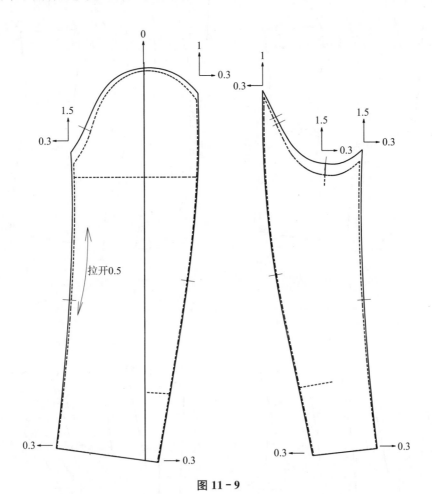

图 11－9

图 11－10

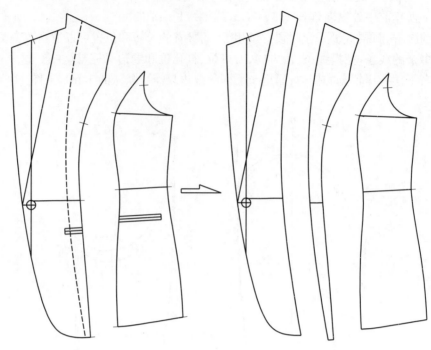

图 11 - 11

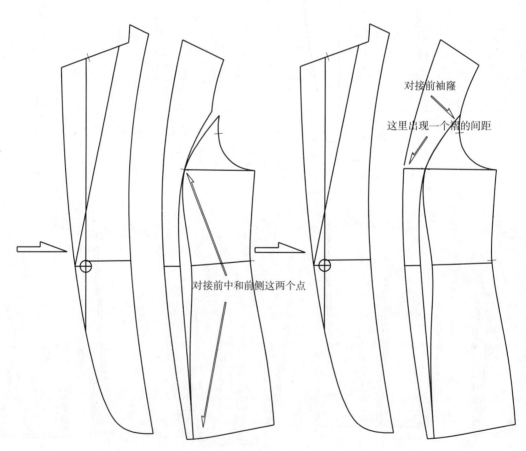

对接前袖窿

这里出现一个褶的间距

对接前中和前侧这两个点

图 11 - 12

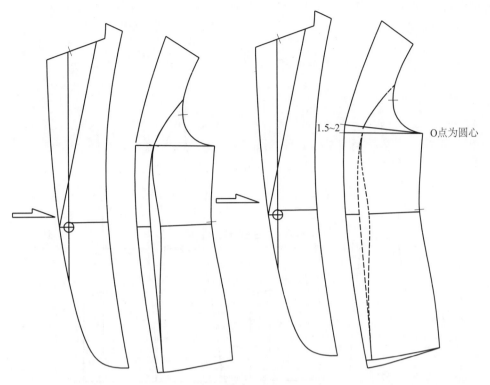

1.5~2

O点为圆心

图 11－13

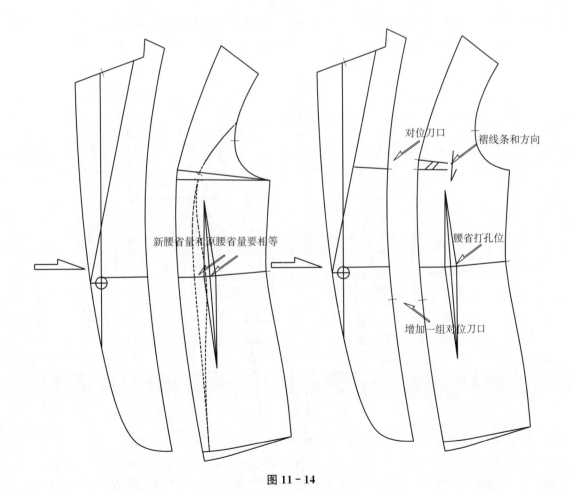

对位刀口

褶线条和方向

新腰省量和原腰省量要相等

腰省打孔位

增加一组对位刀口

图 11－14

（2）后片的处理

第一步见图11-15。

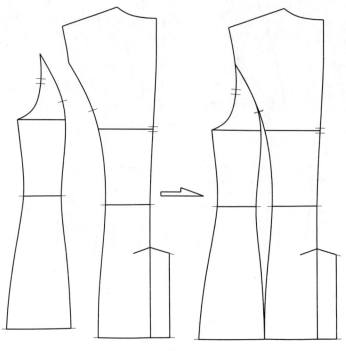

图 11-15

第二步对接后中和后侧，然后再画出后腰省，注意后腰省的位置、长短可以根据实际情况适当调整，画出后中褶，后中褶就是后片横向里布的松量，一般2cm就可以了，见图11-16。

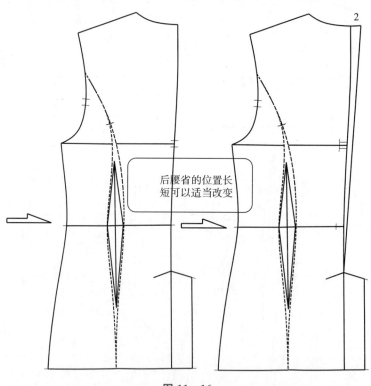

后腰省的位置长
短可以适当改变

图 11-16

第三步，把后中衩位向下拉伸0.6～1.2cm，注意下摆线保持不变，仅仅是后中衩变短，同时后中上部分变长，形成上部分的松量。这个松量数值是可以灵活变化的，如果面布有弹性，数值可以小一些，反之面料没有弹性，数值可以增大一些。

最后，把缝边（注意这个里布是在面布基础上演变的，原面布下摆是有比较宽的折边，而里布下摆的缝边只需要默认的 1cm），打孔位，画刀口位置，见图 11－17。

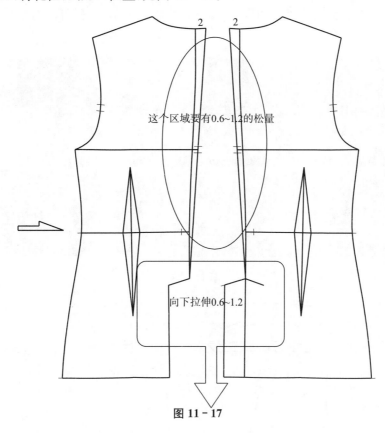

这个区域要有0.6~1.2的松量

向下拉伸0.6~1.2

图 11－17

3. 袖口折边负缝角

是指西装袖口的折边要比面层翻折后的线条稍短，即负数的缝角处理，见图 11－18。

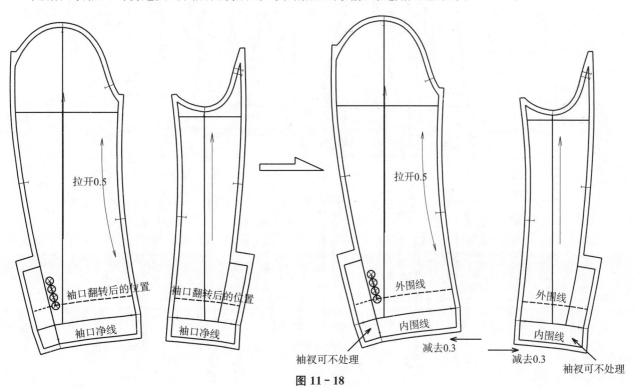

拉开0.5

袖口翻转后的位置

袖口翻转后的位置

袖口净线

袖口净线

拉开0.5

外围线

内围线

袖衩可不处理

减去0.3

外围线

内围线

减去0.3

袖衩可不处理

图 11－18

4. 如无袖即无后褶

没有袖子的西装款式,即无袖的西装,可以不要里布后中的活褶,这样可以防止袖窿处的里布外翻,见图 11-19。

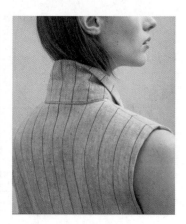

图 11-19

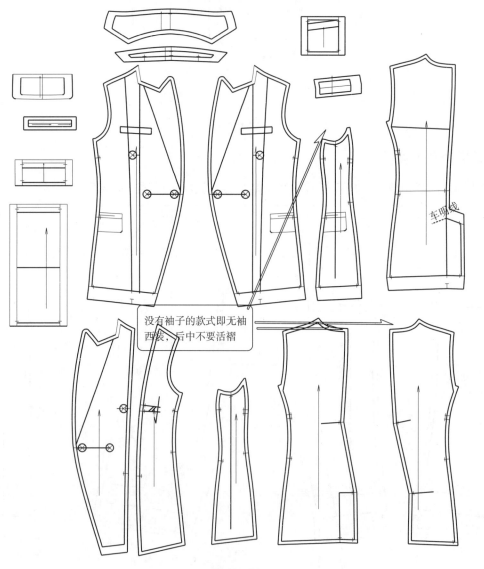

没有袖子的款式即无袖西装,后中不要活褶

车明线

图 11-20

第三节　领子和挂面

领长可短圈与座，挂面空位前无缺。
袋盖领驳线造型，小片衬上预空位。

1. 领长可短圈与座

是指领子的长度可短于领圈和领座，这样领子装好后不会多布，见图 11 - 21。

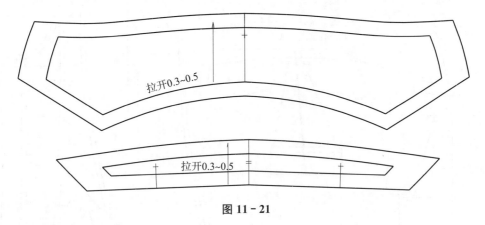

拉开0.3~0.5

拉开0.3~0.5

图 11 - 21

2. 挂面空位前无缺

挂面下端的缝边要预留空位，总数要有 2.5cm 的宽度，见图 11 - 22。
前片的下端不要有缺口，保持比较宽的折边宽度，见图 11 - 23。

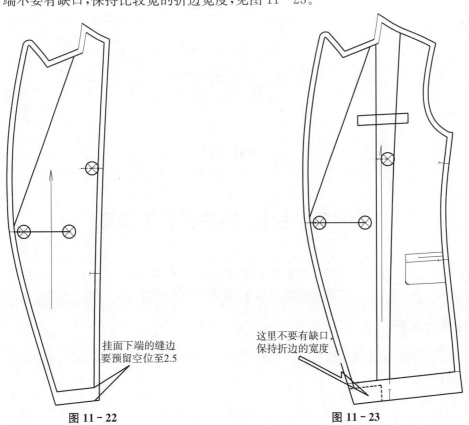

挂面下端的缝边
要预留空位至2.5

这里不要有缺口，
保持折边的宽度

图 11 - 22　　　　　　　　　　**图 11 - 23**

3. 袋盖领驳线造型

是指袋盒、领嘴和驳头这几个部位的线条并不是简单的直线,而是有细微的弯度,见图11-24。

4. 小片衬上预空位

袖衬和后衬的上端都要预留空位,这样做的目的,第一是为了衬子不容易变形,第二是里布有可收缩的余地,见图11-24。

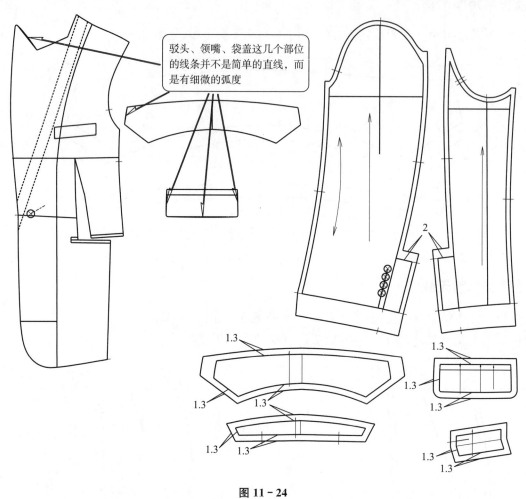

驳头、领嘴、袋盖这几个部位的线条并不是简单的直线,而是有细微的弧度

图 11-24

第四节　包扣、内袋和领子弯度

内袋挂里分左右,挂面拉伸兼包扣,
驳头越低领越直,挂面领弯肩颈角。

1. 内袋挂里分左右

如果只有一边有内袋,那么挂面和前里布都要分左右,如图11-25所示,另外还要注意里布也有正反面,里布裁片要翻转一下。

2. 挂面拉伸兼包扣

是指挂面一般化衣身松一点，所以要少量拉伸一下，见图 11 - 26。

另外，包纽扣布和包"日"字扣布也要画出纸样，见图 11 - 27。

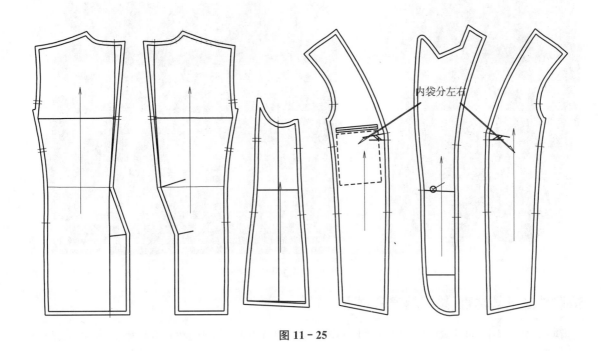

图 11 - 25

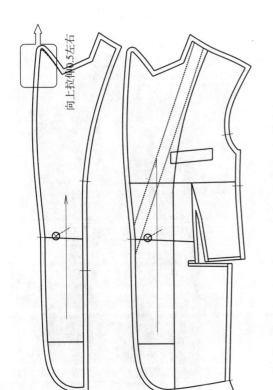

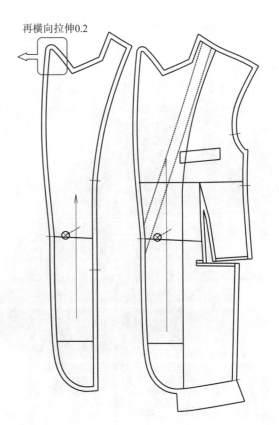

图 11 - 26

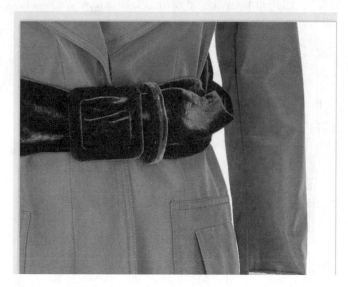

图 11 - 27

3. 驳头越低领越直(叠门越窄领越直)

是指驳头高度不同的款式,领子的弯度也不同,驳头翻折点越低,领子的形状越直,反之,驳头翻折点越高,领子的形状越弯。

而叠门宽度不同的款式,领子的弯度也不同,叠门宽度越窄,如单排扣,领子的形状越直,反之,叠门宽度越宽,如双排扣,领子的形状越弯见图 11 - 28。

图 11 - 28①

图 11 - 28②

4. 门宽领弯肩颈角

通常情况下，后肩缝比前肩缝长 0.3～0.5cm，但是当前领圈的角度发生变化和前肩缝成为一个锐角的时候，如果仍然按常规方式加缝边，前领圈和前肩缝相交处的缝边其实会超过 1cm，这样就会和后肩缝长度相等，甚至超过后肩缝，无法形成后肩缝归拢而产生一个弊病，解决的方法是把前后肩颈点的缝角处理成相等的直角形状，见图 11 - 29。

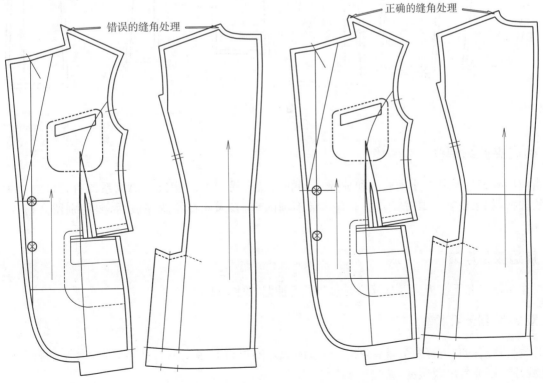

图 11 - 29

第五节　刀口孔位和双袋

挂面二三对刀位，袖底夹底易消失，
折边叉位净刀口，双袋另侧无孔位，

1. 挂面二三对刀位

是指前挂面和前里布要有两个对位刀口，最上面一个是对前褶的，下面一个可以随意设置，从第一个刀口向下 20cm 左右，这个数值并无严格的要求，只要能起到对位的作用即可，见图 11 - 30。

风衣由于比较长的缘故，需要在挂面和前里布上，再加一个对位刀口。

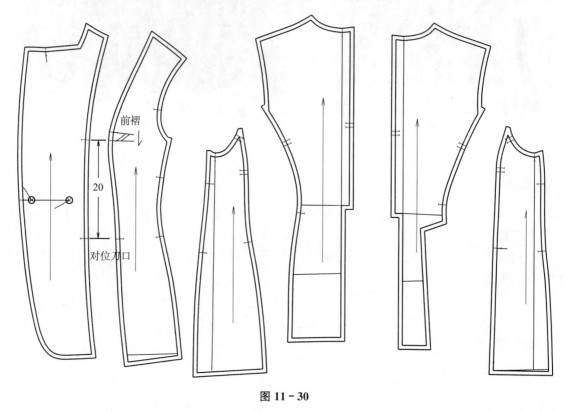

前褶

20

对位刀口

图 11 - 30

2. 袖底夹底易消失

是指使用 CAD 绘图时，小袖底部和袖窿底部的刀口容易消失，原因是 CAD 系统对刀口的相关联线条有特定的选择，如果没有刀口对安装袖子有非常不利的影响，因此在绘图完成后，要特别留意检查一下，见图 11 - 31。

3. 折边衩位净刀

是指面布袖口和下摆折边以及衩位的刀口不可遗漏，见图 11 - 32。

4. 双袋另侧无孔位

有的西装款式的右边有两个口袋，那么右边的裁片不可以有多余的打孔位，因为多余的打孔位会打断纱线，使裁片报废或者出现瑕疵，见图 11 - 33。

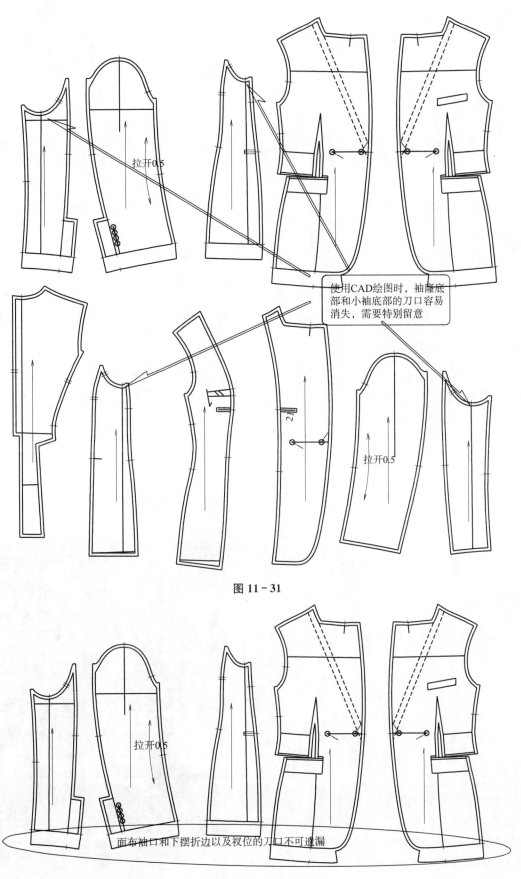

使用CAD绘图时，袖隆底部和小袖底部的刀口容易消失，需要特别留意

拉开0.5

图 11 - 31

拉开0.5

面布袖口和下摆折边以及衩位的刀口不可遗漏

图 11 - 32

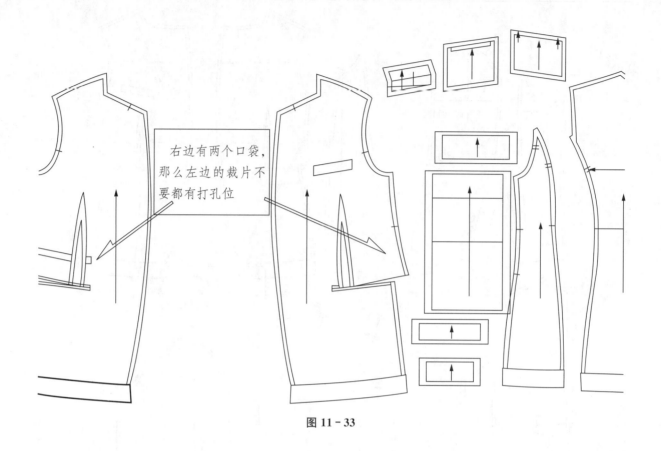

右边有两个口袋，那么左边的裁片不要都有打孔位

图 11－33

第六节　袖口、袖衩和双褶

袖口对接线调顺，双衩工褶最特殊。

1. 衩子简化分左右

衩子包括后衩和袖衩，后衩里布是分左右的，见图11-34。

（1）有转角的西装后衩处理和裁片形状

有转角的西装后衩是比较常见的一种做法，这种做法的效果比较美观，但是由于有两个转角，对缝纫技术的要求比较高，批量生产所需要的时间也会多一些，见图11-35。

（2）简化的西装后衩处理和裁片形状

简化的西装后衩是指把里布的转角省略去，缝纫时只需要拼合成比较平缓的线条就可以了，这种做法外观上和有转角的西装效果是一样的，但是里布缝制变简单了，缝纫比较省时省力，只是档次降低了一些，见图11-36。

图 11－34

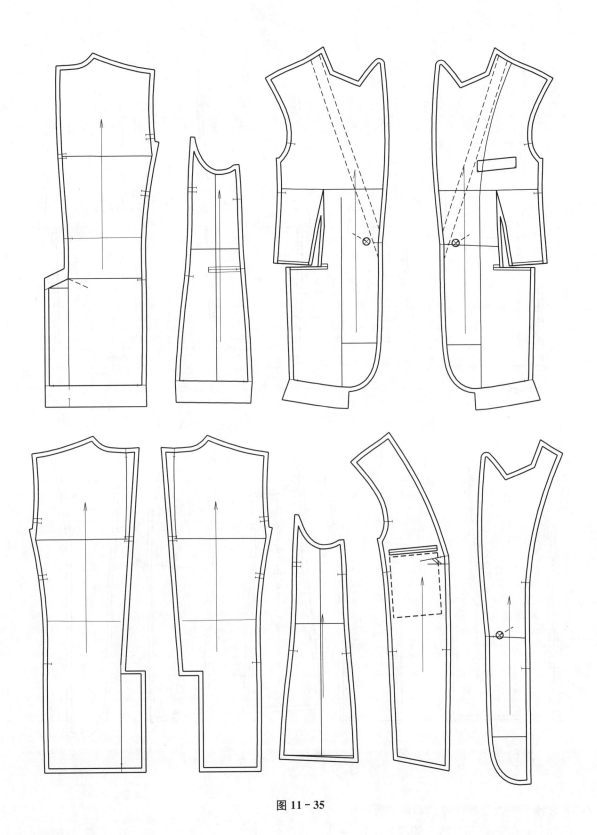

图 11 - 35

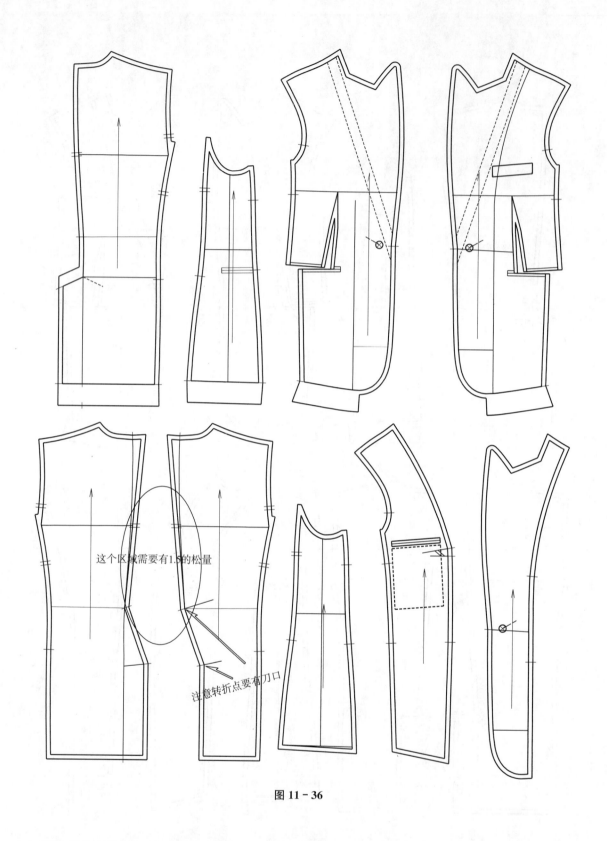

图 11 - 36

（3）有转角的西装袖衩处理和裁片形状

有转角的西装袖衩和有转角的西装后衩一样，都是比较美观的，只是做工要求比较高，比较费时，见图11 - 37。

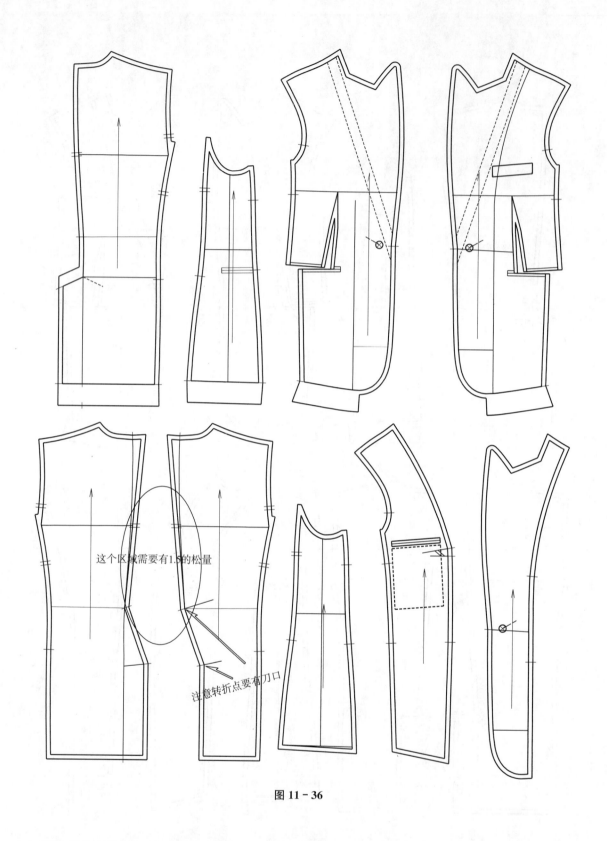

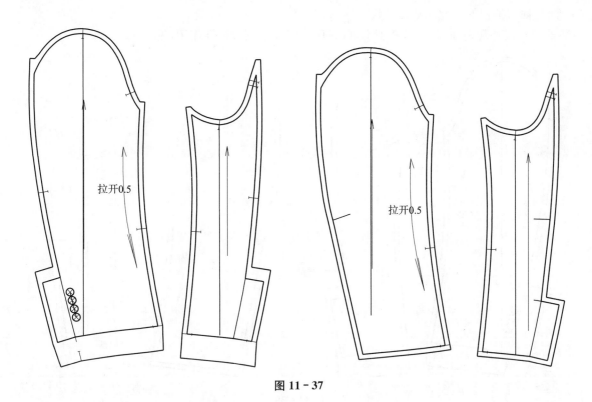

图 11 - 37

（4）简化的西装袖衩处理和裁片形状

简化的西装袖衩和简化的西装后衩一样，可以做到面布正面和有转角的相同效果，缝制就简单了，缝纫比较省时省力，见图 11 - 38。

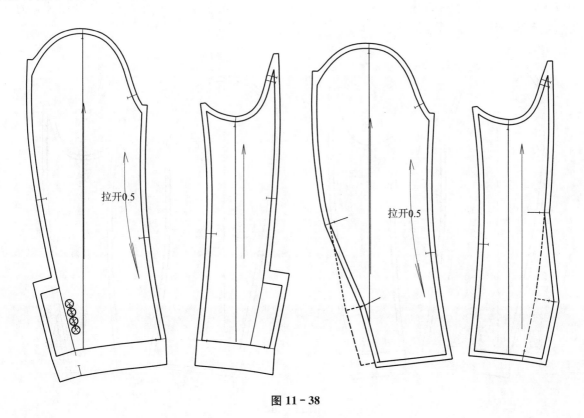

图 11 - 38

（5）西装袖假袖衩的处理和裁片形状

西装袖假袖衩外观是袖衩，但是衩子不可以打开，仅仅起到装饰性作用，见图 11 - 39。

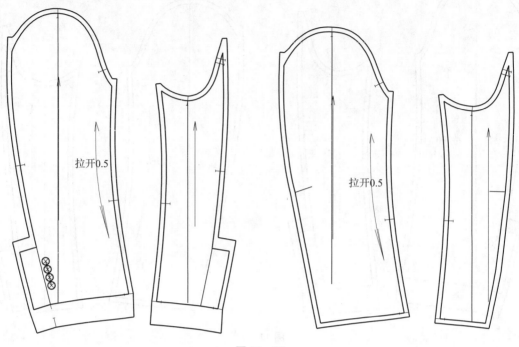

图 11 - 39

2. 袖衩拉链里布长

袖衩有隐形拉链的，里布的刀口位要比面布的刀口位长 1.5cm，注意是从袖口净边线开始计算的，而不是从折边线和缝边线开始计算，见图 11 - 40。

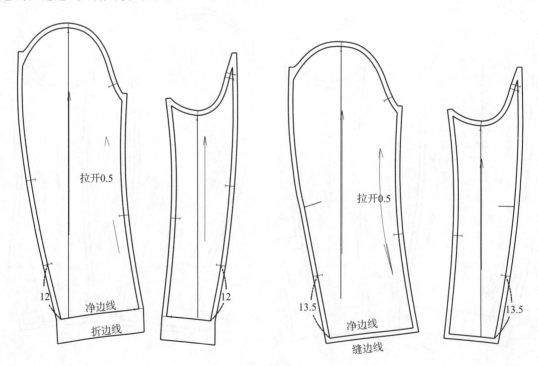

图 11 - 40

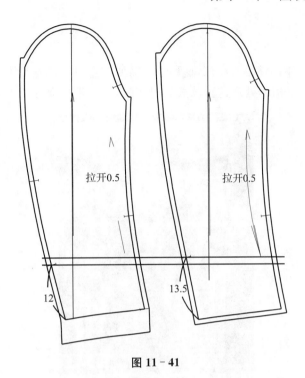

图 11 - 41

3. 袖口对接线调顺

把西装袖的袖口对接起来，检查并调顺线条，见图 11 - 42。

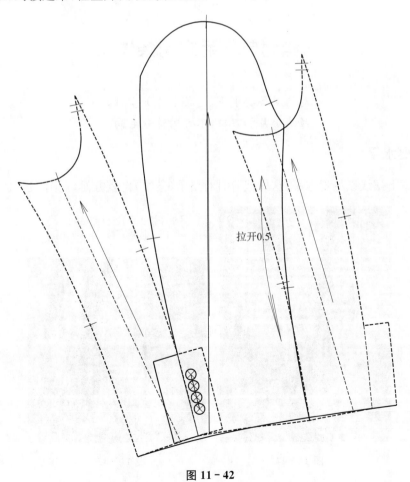

图 11 - 42

4. 双衩工褶最特殊

有的西装款式是后下摆有两个衩，即双衩，这种情况需要注意里布的松量不可以太大，见图11-43。另外，有的西装后中有工字褶。处理这种款式的里布时，可以把里布在工字褶上方分割。

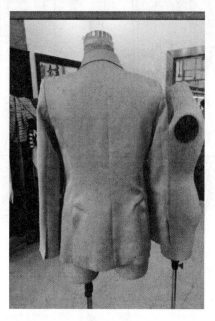

图 11 - 43

第七节　毛向和条纹

对格对条要水平，对条小片加空位，
丝绒小片加刀口，不可对称分毛向。

1. 对格对条要水平

在打板时要注意下摆线条尽量水平，这样裁剪时对格子（条纹）比较方便，见图11-44、图11-45。

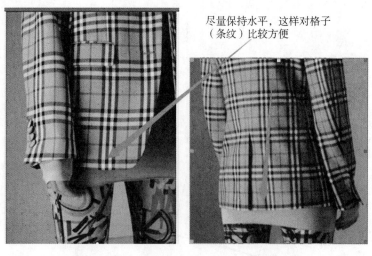

尽量保持水平，这样对格子
（条纹）比较方便

图 11 - 44　　　　　　图 11 - 45

2. 对条小片加空位

领子、口袋、袋唇和袋盖等小裁片，可以预留比较宽的空位，然后由缝纫和包烫员工根据实际情况进行对格子（条纹），这样工人有了选择性和灵活性，以保证条纹和格子的还原和左右对称，见图 11 - 46。

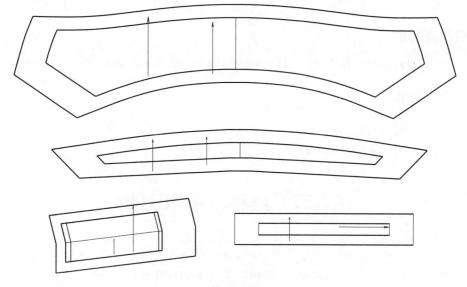

图 11 - 46

图 11 - 47 中，如果条纹的间距是 1.8cm，那么这个小裁片要在原缝边宽度的基础上再加上一个条纹间距，即 1.8cm 的空位。

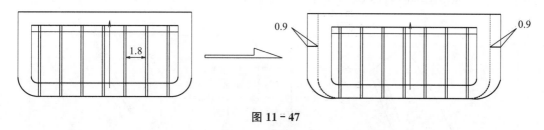

图 11 - 47

关于对格子（条纹）和格子（条纹）还原的详细内容见本书第十三章第八节"怎样在裁剪时对格子（条纹）"。

3. 丝绒小片加刀口

4. 不可对称分毛向

丝绒小裁片如袋唇、袋贴要加一个区分毛向的刀口，这个刀口不需要左右对称，目的是起到分别毛向的作用。

第八节　推板与检测

全局线条局部差，改码文字与号型，
复制档差查孔位，模拟块数襟袋距。

1. 全局线条局部差

推板完成后要检查全局的线条差数，主要是肩缝、侧缝、领圈和领子、袖山和袖窿的差数。

另外就是细节的、局部的线条差数,主要是口袋位置、大小、刀口位、松量等都要检查。

2. 改码文字与号型

文字包括文字标注和文字大小,文字标注在改码前,例如中码袖口橡筋完成20cm,改成大码就要把文字改成:袖口橡筋完成21cm。

3. 复制档差查孔位

有时候,把一个款复制成另外一个款,这时候要重新检查档差和孔位的位置和打孔位的档差。

4. 模拟片数襟袋距

模拟输出是为了检查片数的数量。
还要特别检查门襟到口袋之间的距离、各码的档差是否统一。

第九节　垫肩、实样和其他

串口吻合查孔位,挂面实样有缩水,
借肩注意垫肩位,先改电脑后修剪。

1. 串口吻合查孔位

西装(大衣)领子和肩颈点重叠量在1.5～1cm。串口线这个部位要完全吻合,如果不吻合,就很可能出现驳头翻折后串口线部位不平服的现象,见图11-48。

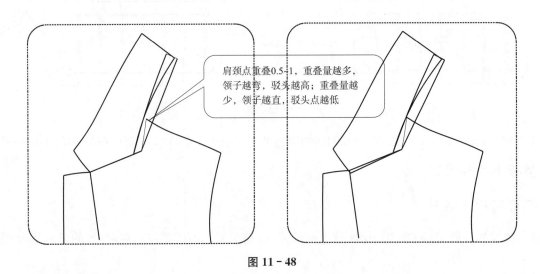

肩颈点重叠0.5~1,重叠量越多,领子越弯,驳头越高;重叠量越少,领子越直,驳头点越低

图11-48

2. 挂面实样有缩水

挂面实样是用来确定挂面形状和长度的。如果用没有缩水率的挂面画线,如果挂面烫衬后缩水有误差或者缩水不充分,就会出现门襟起吊的弊病。解决的方案是,用有缩水率的挂面画线,然后缝制,再在实际缝制中灵活控制前片和挂面的长度,就比较完美合理,见图11-49。

领子和袋盖等小裁片的实样是不需要有缩水率的,这一点希望引起大家注意,见图11-50。

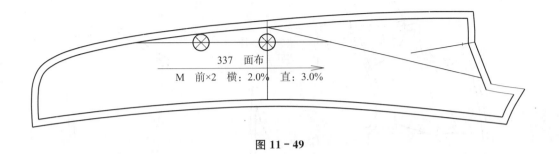

图 11 - 49

图 11 - 50

3. 借肩注意垫肩位

下面这款西装肩缝是向后借肩的，特别需要注意钉垫肩的位置，见图 11 - 51～图 11 - 54。

图 11 - 51

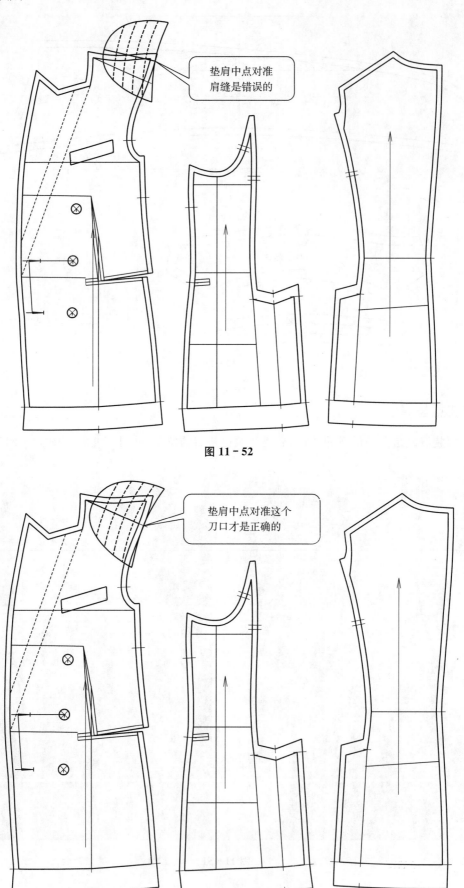

垫肩中点对准
肩缝是错误的

图 11 - 52

垫肩中点对准这个
刀口才是正确的

图 11 - 53

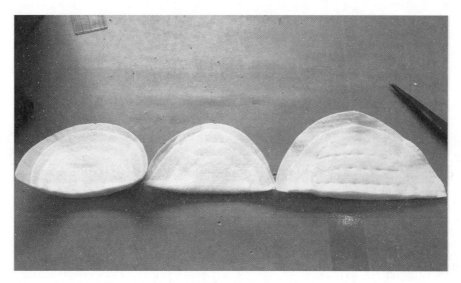

图 11 - 54

4. 先改电脑后修剪

在使用服装 CAD 打板时，如果样衣需要修改，服装 CAD 文件也一定要同步修改。需要注意的是，要先改服装 CAD 文件，然后再改样衣，才能保证两者同步，否则很容易出现样衣改了而服装 CAD 文件没改的生产事故，见图 11 - 55。

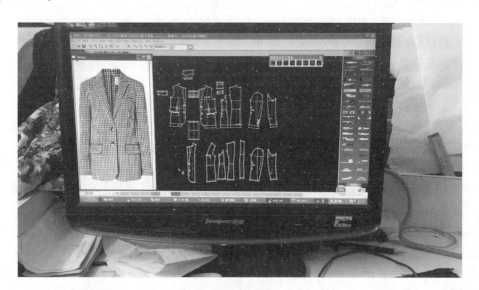

图 11 - 55

第十二章　正确认知工业制板

第一节　反复修改纸样是提高板型档次的唯一途径

笔者多年来在深圳多家不同风格的服装公司工作,了解到服装公司板房的运作模式是:

(1) 从设计部门领取设计稿;

(2) 分发到每个板师手中;

(3) 板师根据设计稿上的设计师签名去和设计师进行沟通,了解设计师的意图;

(4) 开始打板;

(5) 由裁板师傅根据完成的纸样进行裁剪样衣;

(6) 由样衣师傅做出样衣;

(7) 由试衣人员试穿,设计部门和板房主管、设计师、板师进行批办,板师要现场做记录;

(8) 改板后,做出第二件样衣;

(9) 再次试穿,达到满意为止。

每家公司都首选这种模式,说明这种方式是实用可行的。有的人鼓吹一板成型,一步到位,其实一板成型很简单,因为衣片拼合后终究会成型,关键是成为什么型,或者说成为什么程度的型,至于一步到位,高级的、高档的工业产品都不是一步到位的,我们使用的手机经历了从大哥大到智能手机的演变,我们使用的电脑经历了从厚而重的"大笨象"显示器到液晶超薄显示器,再到笔记本电脑的演变,并且这种演变永远没有到位的时候,同样的道理,人们对于美感的追求也是没有止境的,明白这个道理就不存在一步到位的神话了。对于服装打板和服装公司而言,稍有一点理智的公司老板和公司经理都不会用设计板的纸样(也称头板纸样)来做大货生产,而采用经过试穿、修改、优化、微调后的纸样,甚至推翻已有的图纸,重新制板、调试,确认后才可以作为批量生产的大货纸样。

笔者在实际工作中还发现,不但是头板纸样需要修改,就是已经批量生产过的款式根据销售反馈的意见信息,也可能需要对纸样进行修改,然后再进行第二次生产。

因此,当我们真正了解了"修改纸样和板型是很正常的现象"这个事实真相后,才能使得自己处于一个名正言顺、理直气壮的状态之中,就不会因为需要修改就怀疑自己的思路是不是不正确,技术是不是不高明,技艺是不是不精湛,就不会钻牛角尖,不会不得其解,不会有太多的焦虑,不会付出太多的额外心理支出。

反复修改是得到好板型的唯一方法,这个理念很重要,这样我们才会不自卑、不疑惑、不受挫,主动出击,自发地、勤奋地对样板进行修改和优化,只有勤奋地劳动才能创造出更好更美的板型。

被动地进行修改和主动地进行修改,两者心态不一样,最终的结果也会不一样,主动修改是满怀热情和希望,被动修改是满腔怨气和敷衍,主动进行修改是寻找机会积极地希望有更多的修改次数和机会,从而使板型更美观,虽然这样的修改有时候不被人理解,但是只要最终的结果完美就是值得的。

很多打板的朋友希望自己的技术更全面、更高,明白了"反复修改是得到好板型的唯一方法"这个道理,你的技术才会真正得到根本性的提高,才会看到立竿见影的效果。

第二节　怎样修改纸样

　　有的朋友问,修改纸样是在底稿上修改,然后再复制和分离裁片,还是直接在裁片上进行修改。对于这个问题,我们要知道,底稿是规范化的图形,而裁片修改有时是微量调整,简称微调,有时是根据布料纱向和属性特征不同产生的悬垂效果来进行调整,而这些因素有时在底稿上很难完全地表现出来,所以修改纸样应该在裁片上进行修改,这样就产生出许多非规范的图形和线条造型,见图12-1～图12-6。

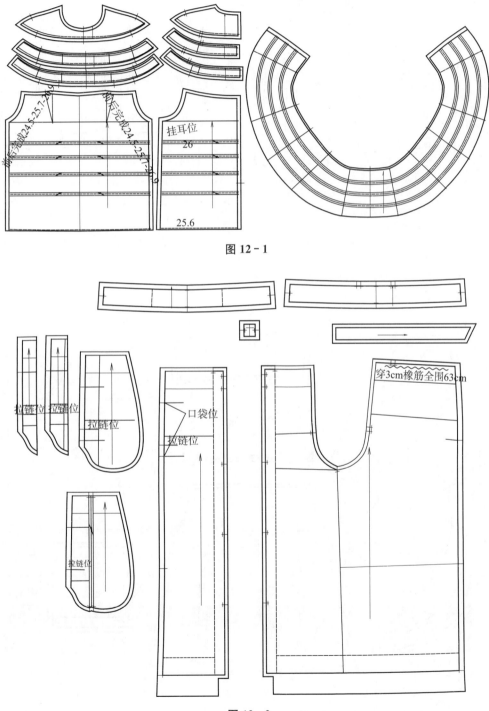

图 12-1

图 12-2

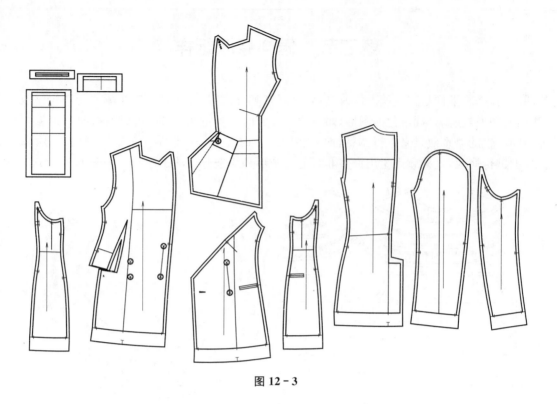

图 12 - 3

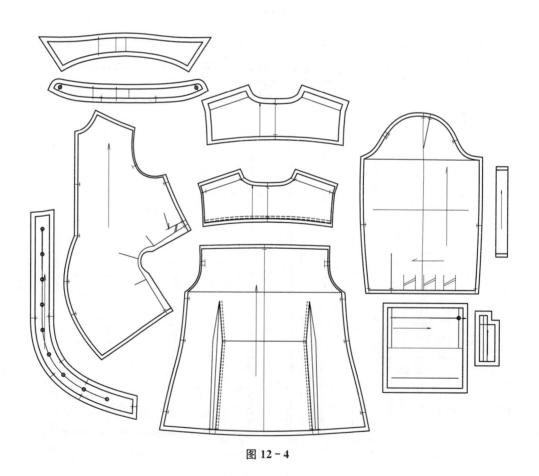

图 12 - 4

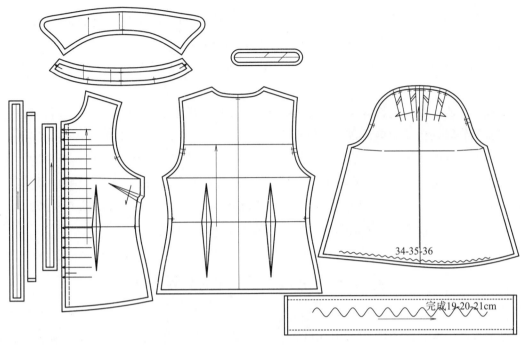

图 12 - 5

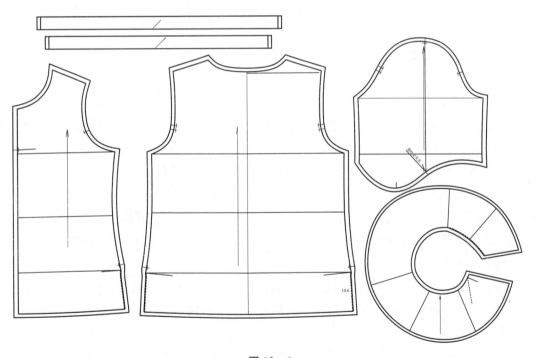

图 12 - 6

第三节 有价值的板型,需要付出更多的劳动和更多的时间

外国的板师是否也在改板呢?

很多人认为,国外的板型大师的技术出神入化、登峰造极,他们在宽敞明亮的写字楼里随便画一个款,

都会成为全世界流行的爆款。

实际上，欧洲做定制服的板师在承接新款之初就向客户明确表达，这个款式很费时，难度很大，不是轻松就能完成的，需要多次试制、试穿，当然也需要支付足够的费用。

坊间传言，香奈儿的板师把一件样衣拆了八次，这说明成功的板型后面是别人看不到的许多辛勤的劳动和付出。

由此也可以看出服装高级定制其实是一种需要更多的耐心，反复试制，精心雕琢，辛苦付出的职业，而不是大众所想象的轻轻松松就能拿到高薪的职业。

因此我们要对国外服装板师有一个正确的认知，明确知道提升产品档次不是打板绘图的技术问题，而是工作意识的差别。笔者看过一家国际品牌服装生产过程的系列照片，很多埋头工作的师傅年纪相当大了，头发胡须都白了，后背也驼了，仍然做着绘图和手工缝制的工作，由此可以看出国外板师并不是大家所想象的那样，西装革履，轻松地画几笔就能完成高级服装产品的制作。

第四节　服装盗版和抄袭形状

盗版和抄袭也称山寨。据了解，只要有国际名牌的服装款式发布出来，借助网络，立刻就有个别的工厂在进行仿制，有的服装工厂没有设计师，他们就是在网络上找图，并且是不做任何修改的进行仿制，而相应的面料商、印花厂、钉珠厂、辅料厂、烧花厂、商标厂等特种工艺厂也可以仿制出和国际名牌一样的辅料和小部件。

有的山寨工厂的服装造型，制作工艺都是以国际名牌的标准为标准的，不论是否合理，不问为什么，不问是否美观，一概采取拿来主义进行仿制。

山寨工厂公司抄袭国际名牌，赶的是时间，谁先做出来，借助国际名牌的品牌效应，谁就能赚到钱，在早先的一些服装批发市场，服装文化街，是靠仿制支撑的，大家都在仿制，大家都在赶时间，当然也很累，国际名牌的款式一公布，仿制的产品就满市场都是，大家都有了，这个款式离彻底终结也就不远了。

不可否认，国际名牌有我们需要吸取和借鉴的好东西，但是，每个个体是有差异的。

例如，有一款名牌款式，面料上印有几条蛇的形象，犹如古代龙袍，但是裁剪后，就成了断龙，在中国传统文化观念中，断蛇和断龙都不适宜当作服装图案穿在身上，否则是很不吉祥的。

当然，外国人可能并不在意这些观念，因为他们的意识中没有这样的文化语码，而我国人在选择款式和图案时，最起码要有所甄别。

服装盗版现象就像一个比喻，一个不会走路的人，在别人的搀扶下可以勉强走路，但是当他已经学会走路了，仍然习惯性地必须在别人的搀扶下才可以走路，倘若别人不扶他了，他也就瘫痪了。抄袭久了就没有一点原创意识了。

还有一个比喻就是一个占山为王的山寨大王，见到别人的好东西，就去抢过来，或者像小偷看到别人的好东西就去偷，抢到手、偷到手当然开心，但是在法制健全的时代，必然不允许山大王和小偷存在，那么山寨的路子就自然越走越窄，举步艰难了。

仿制的服装一件批发价几十元，复杂高档一点的批发价几百元，当然如果是仿制皮衣或者裘毛的，批发价也会在千元以上，而国际名牌，随便一条裤子或者一件T恤，都会在五千元以上，而连衣裙，通常在万元以上，一般是比较有经济实力的人才能消费得起，利润相当高，其中一部分是被山寨工厂作为仿制对象买走了，花一万元买一件样衣，投入生产三百件，每件赚50元，一共可以赚到1.5万元，运气好的时候可以生产1000件，可以赚到5万元，就是这款到此就终结了也值得了，国外名牌服装公司赚大钱，山寨工厂赚小钱。

国外名牌服装公司对盗版现象是睁一只眼闭一只眼,只要你愿意高价买,管你做什么用途,何况也是无形中帮他们在做宣传,何乐而不为呢? 只是仿制别人的产品久了就不会再有原创意识了,就会成为一个没有独立人格,没有主心骨,没有自我精神的软骨人。

第五节　打板技术有没有绝招

有的朋友问,打板到底有没有绝招。关于绝招,笔者认为分为广义绝招和狭义绝招,广义绝招其实就是对制板的正确认知,而狭义绝招是指制图规则和技巧,笔者认为两者都确实有技巧,而且掌握了这两项技能会使自己的制板水平有极大的提高。

社会也是一个学校,一所大学,我们认真而努力地工作本身就是在学习,是一种知行合一、更加有效的学习,而和同行交流,向老师傅请教是一种学习。经验型的技术我们称为隐技术或者暗技术,它是非常有价值的,是行之有效、立竿见影的实用技术。

根据笔者的体会,总结出打板的绝招就是

主动出击,动手试制,

不断调整,关注细节。

主动出击就是积极去学,不等不靠,不钻牛角尖,不纠结,

动手试制就可以看到实际效果。

不断调整就是灵活变化,随机而作,见机而行。

关注细节就是细心琢磨细节。有的师傅从事打板工作十年以上,但技术并没有多大提高,这与对细节的注重不够有关。例如,女西装需要注意的细节有:

1. 双排扣前片和挂面分左右
2. 有胸袋前片分左右
3. 有一边双袋侧片要分左右
4. 领座和领子拔开
5. 后衩袖衩面布和里布处理
6. 小裁片加预留空位和线条形状
7. 西装对格子对条纹处理
8. 丝绒西装毛向标记刀口
9. 借肩的垫肩正确位置
10. 驳头松量
11. 挂面预留空位
12. 胸棉形状和注意事项
13. 无袖的里布处理
14. 负缝角与负吃势
15. 包扣布纸样
16. 袖衩拉链和双后衩处理
17. 领底呢的画法
18. 串口位与领子吻合程度检查
19. 模拟输出
20. 挂面实样要有缩水率

等等。

古代有位著名的诗人叫陆游,有人问他,请问你写诗的秘诀是什么? 他说:写诗的功夫和秘诀在诗之外。同样的道理,打板的秘诀并不是一味地揣摩线条和结构,对于线条结构以外的技能,如和客户有效地沟通,对制作工艺有足够的研究,这样才能做到有的放矢,成为一个打板高手。

笔者曾经应邀参加一家服装大公司在酒店举行的一个产品发布会,会议邀请到一位非常有名的服装制板大师,这位大师在会上拿出两个一次性饮水纸杯,为大家讲解圆形、圆柱体的几何结构和变化,当然,这些基础知识无疑也是有用的,但是对于深圳这个时间就是金钱,效益就是生命的城市,对于会场内众多从事了十年以上制板的纸样师来讲,就显得文不对题了,他们更加希望听到能够解决实际问题,能够解决打板工作

中顽固问题的有效方案。这种类型的会议笔者还参加过多次,都是一些体面的社交和空洞的说辞,没有什么生动实际的内容。因此,如果你想成为一个有真才实学的制板师傅,就需要深入到服装生产第一线,向公司的老师傅、老员工请教。

有的读者发信息来询问:怎样才能找到有真才实学的师傅?笔者认为:一位师傅技术是否高明,不要看他的各种宣传和包装,而是看他手上的老茧就知道了。长期使用裁剪的大剪刀和电脑鼠标,天长日久,右手小指和无名指关节外侧和手掌根处都会磨出老茧,见图12-7。虽然有的师傅已经很少去裁剪面料,但是裁剪画纸样的纸板、实样和坯样都会在手上留有劳作的印记,沿着这个思路,就很容易分辨出来了。

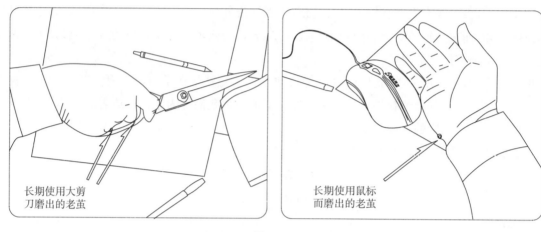

长期使用大剪刀磨出的老茧

长期使用鼠标而磨出的老茧

图 12-7

第六节　要走精专路线,不要追求全才和通家

人的一生何其短暂。如果一个人能够在服装技术方面的某个领域做到精益求精,非常有经验、有成就,就已经很出色了。比如你在牛仔服方面很有见地,是公认的名副其实的资深人士,或者你在女装方面很有体会,你的一生就非常了不起了。

不要追求成为全才和通家,有的人希望自己什么都会,有的朋友可能是完美主义者,追求的是面面俱到,女装、男装、童装、内衣、箱包、三维人体扫描、3D可视缝合技术、3D试衣、3D打印技术、透视散斑技术、精准立裁、无纸创画技术等样样都会,最后只有两种可能,第一种是假的,作假的目的无非是为了名和利,第二种是变成四不像,每一种都知道一点皮毛,每一种技术都不精。

求艺需要深入、长期不间断地练习和思悟,不夹杂,不怀疑,让自己的心静下来,专心致志地研究学问,只求一招精。其实你若在某一个领域有了足够的经验和心得,当你的专业技能积累到一定的程度时,其他相关领域稍加研究也能触类旁通,这个叫作"以点带面"式的求学方式,而不是那种面面俱到的"洒胡椒面"式的求学方式。

第七节　怎样成为服装制板高手

有网友讲,自己打板十年了,但是感到自己技术不够精,所掌握的知识很乱,不成系统,甚至有时候想找个老师重新学习一下,进修一下,但是又找不到合适的学校和老师。

这位网友的提问其实点出了一个问题,就是怎样提高自己的制板技术?笔者自己的体会是:

第一点，关注细节。

现在会画结构图的人很多，几乎到了市场饱和的程度，但是能不能完善细节，就在一定程度上决定了你技术的高低。引用一句网络流行语就是细节决定成败。因为现在的板师大多数完成的是工业制板，是批量生产用板，每一个刀口、每一个缝角处理都对生产有影响，笔者已经出版的《板房管理与细节处理》一书提出了关注细节的观点，但是书中仅仅列举了一小部分细节处理，还有很多内容未来得及整理和公开。

第二点，建立属于自己的基本型，并细化基本型。

有的板师是衬衫、西装、大衣、针织衫、连衣裙都用一个结构相同的板型，但现实中现代女装款式和面料千变万化，这种一个板型走天下的方式已经行不通了。

例如连衣裙，后中剖缝和后中整片的绘图规则就不一样，有胸省和无胸省也会不一样，西装三开身、四开身也会不一样。

裤子有打底裤、西裤、弹力裤、垮裆裤、牛仔裤、压褶裤、踏脚裤等的区别。

因此我们有必要建立属于自己的基本型和细化基本型，并在实际工作中进行验证。

第三点，大公司和小公司板师工作情形和利弊对比。

很多板师喜欢到大公司工作，因为大公司有实力，加班时间相对短一些，有的有双休、有年假，并且在大公司工作比较体面。但是大公司是把制板工作分散给很多员工完成，根据笔者的体会，大公司只要批板过关就可以了，后面的推板、校对、加缩水、临时变更都由生产部门的同事处理，这样打板中有什么问题自己却不知道，也就无从谈起改进和提高打板技术了。

在小公司，打板、推板、改板、算料、图案处理都由一人完成，生产车间出现了问题也会立刻反馈到板房，因此小公司虽然事情多，比较辛苦，但是坚持三五年，同时虚心向同行师傅学习，必有大的收获。

第四点　软件与硬件。

现在的电脑CAD绘图已经普及，也给我们总结经验带来了极大的方便，一个U盘可以保存上万个款式，每一个款式都可以作为模板，还可以转换为Word文件进行保存，但是我们要熟悉硬件和软件的操作、不同软件版本的切换、常见硬件故障的维修处理，并运用自如。

第五点，图案处理。

我们要掌握印花、绣花图案的处理方法，不要因为处理这些图案和安排图案位置而耽误太多的时间。

最后总结一下，如果我们掌握了制板技术，能快速起板、改板，对样衣制作和生产过程中出现的问题也能有效地解决，能快速排除软件、硬件的各种故障，又能完善细节，并对各种顽固性问题有预案，能快速处理印花、绣花图案，那么你已经成为一个制板高手。当然还需要说明的是，勤奋的劳动、创造更高的价值，高手也要更加勤奋，需要在生产第一线长期的努力工作，总结经验，有的问题需要自己亲手去体验、去体会。

第八节　什么才能称为高级定制

所谓高级定制，首先必须是一款一板，就是每一个款式都有一个板型纸样。

有的朋友提出一个设想，就是把经过实践验证的好板型、好结构图保存下来，以后其他款式都复制和套用这个原型，这种想法在理论上可行，实际上不可行，理论和实际是有区别的，高定的东西都是唯一不可复制的，因为不同的款式、不同的结构、不同的面料特征、不同的颜色花纹以及不同的客户爱好和习惯都会导致实物的效果有所不同，都需要进行调整、调试，因此，高定的产品不是复制可以完成的。

其次，高定的客户需要被测量超过十项以上的身体部位尺寸，除了常规的衣长、三围、前胸宽、后背宽、肩宽、袖长、袖肥、袖口围、腿围和膝围尺寸外，还需要测量颈围、胸口围、胸下围、腹围、胯围和袖肘围等部位尺寸。

第三，每件高定产品都需要客人不少于三次的现场试穿和修改。

　　第四，高定的产品有很多部位、部件是手工完成的，手工具备一定的伸缩性，还有很多刺绣也是由手工完成，因此高定的每件服装需要耗时 150～1000h 来完成，可谓精工细作，精心雕琢。

　　第五，由于高定的费工费时，成本高，所以高定的数量是比较少的。

　　最后一点，就是高定产品是非常昂贵的，一件普通的高定 T 恤和衬衫定价要数万元，而礼服动辄达到百万元一件。

第十三章　打板工作技巧

第一节　Polo衫的编织领尺寸

Polo衫原本称作网球衫,原是指国外贵族打马球的时候所穿的服装,可能是为了舒适的缘故,他们喜欢穿着有领子的短袖衣服,久而久之就被人们称作"Polo shirt"(Polo衫),后来广为大众喜爱,逐渐演变成一般的休闲服装。Polo衫的设计以下摆不用扎进裤子里为前提,做成后长、前短,且侧边有一小截开口的下摆。此种下摆设计使穿着者在坐下时,也能避免因前摆过长而起皱,见图13-1。

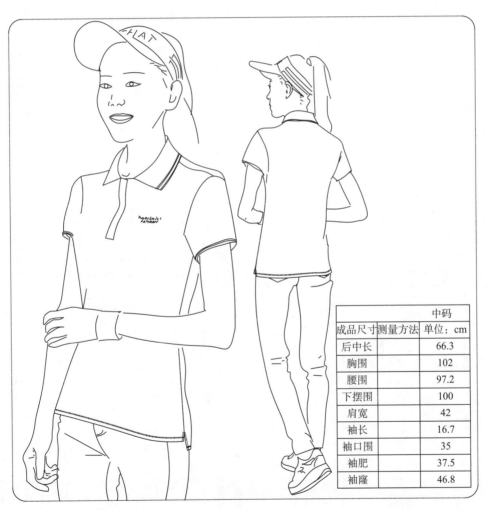

成品尺寸测量方法	中码
	单位：cm
后中长	66.3
胸围	102
腰围	97.2
下摆围	100
肩宽	42
袖长	16.7
袖口围	35
袖肥	37.5
袖隆	46.8

图13-1

Polo衫的领子是定制的。本节提供了罗纹领子的长度和宽度的参考尺寸,读者在设置定制尺寸时,可以根据实际款式和要求,适当调节长度和宽度尺寸,见图13-2、图13-3。

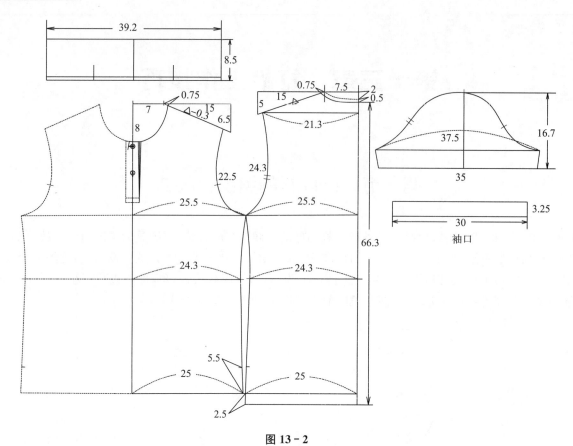

图 13 - 2

图 13 - 3

第二节　定制夹克衫罗纹的标注方法

款式特征和绘图要领见图 13-4、图 13-5。

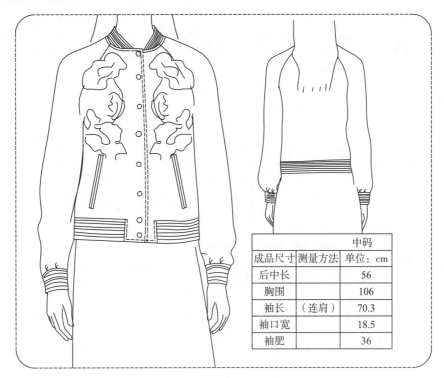

中码		
成品尺寸	测量方法	单位：cm
后中长		56
胸围		106
袖长	（连肩）	70.3
袖口宽		18.5
袖肥		36

图 13-4

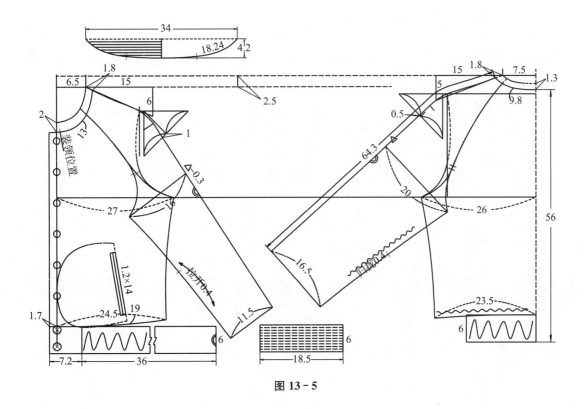

图 13-5

由于此款领子、下摆和袖口罗纹上有指定的横格子,需要生产罗纹的工厂进行定制,那么报给制作罗纹工厂的尺寸和标注是最大码的尺寸,做通码的,标注方法和裁片见图13-6①。

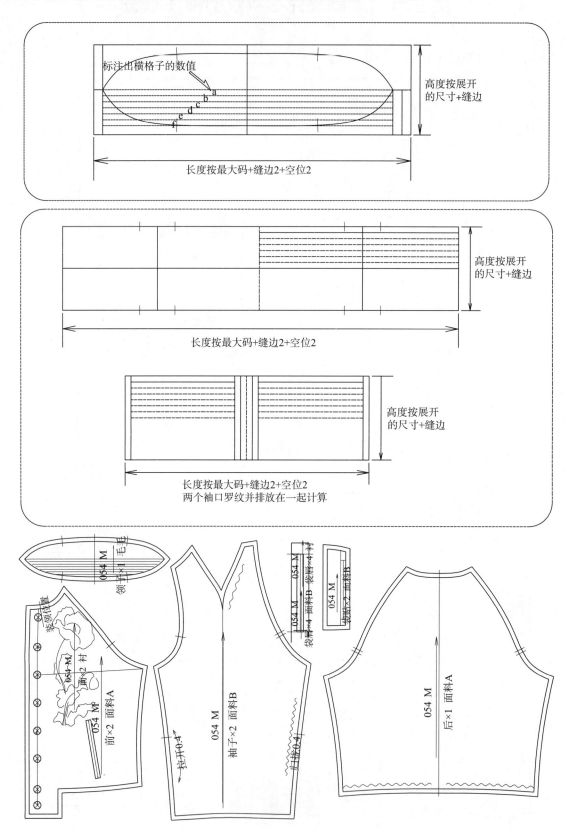

标注出横格子的数值

高度按展开的尺寸+缝边

长度按最大码+缝边2+空位2

高度按展开的尺寸+缝边

长度按最大码+缝边2+空位2

高度按展开的尺寸+缝边

长度按最大码+缝边2+空位2
两个袖口罗纹并排放在一起计算

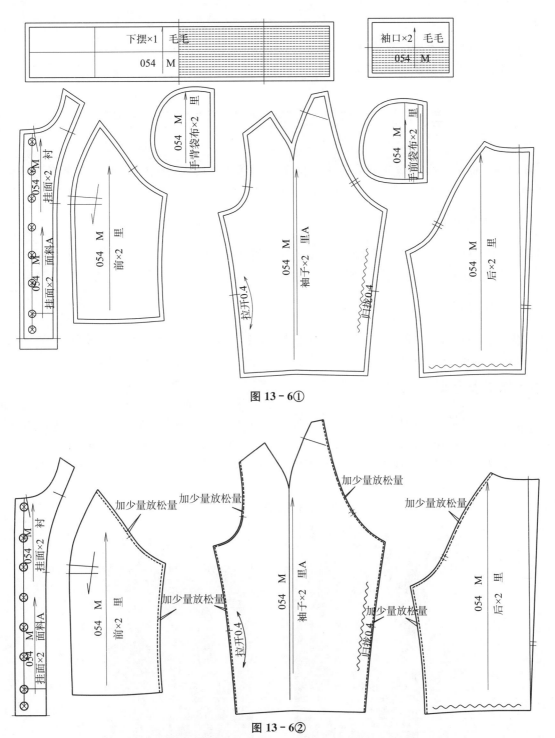

图 13 - 6①

图 13 - 6②

另外,这款夹克衫的里布的领圈和下摆需要加少量的松量,一般每片加 0.6cm,这是由于罗纹领子和下脚是有弹性的,而里布的领圈和下摆通常是没有弹力的,见图 13 - 6②。

第三节 夹克衫领子、下摆和袖口罗纹的比例值和计算方法

在上一款中,我们用罗纹领的长度 18.24cm(半围计)除以领圈总长度(前领圈 13＋后领圈 9.8＝22.8cm),就得到领子罗纹的比例值 0.8。

用下摆罗纹的长度 36cm(半围计)除以衣身下摆的长度(前 19cm＋后 23.5cm＝42.5cm)就得到下摆罗

纹的比例值≈0.85。

袖口罗纹的长度可以采用定数法,通常为18～20cm。

特殊款式和特殊罗纹密度,这些数值将有所变化。

第四节　印花(绣花)排料图的三种方式

在实际打板工作中,有时候需要在裁片上标出印花和绣花的形状,并根据下述花位放置的三种情况做出相应排料图。本节主要讲述花位还原的排料图处理,使裁剪时排料更加科学合理,更加省时省工。

1. 什么是随机花位

所谓随机花位,就是印花(或者绣花)时,花的位置是随机摆放的,没有特别的要求,有的需要注意花瓣的上下方向。总之,随机花位的方式比较简单随意。

2. 什么是定位花位

所谓定位花位,是指根据客户要求裁片上的印花(或者绣花)位置是统一放在固定的位置,不可以随意改动,有时高低可以允许有少量的误差。

3. 什么是花位还原

所谓花位还原,是指印花(或者绣花)衣服,在分割缝拼合以后,印花(或者绣花)会还原成一个完整的花型。那么,在处理花位还原的排料图时,首先要以最大码来排料,另外根据实际情况四周加放适当宽度的空位,其次是要裁剪方便,就是尽量减少重复的裁剪劳动,最后还要注意在印花(绣花)时加上坐标标记及上一件和下一件之间的分界线。

以图13-7中的这款印花连衣裙为例,前中门襟、前后腰节、后中拉链处都是需要花位还原的。

图 13-7

1. 设置裁片四周的空位,大裁片四周加1.5cm,小裁片四周加1cm,用于放码、修改和加放缩水率所需要的位置。

图13-8是这款印花连衣裙的全部裁片,含面布和里布。

图 13-8

图 13-9 是面布裁片图。

图 13-10 是面布裁片四周加放空位后的图形,空位的宽度要根据面料特征和实际需要来确定,也可以咨询印花(绣花)厂的师傅后确定。

2. 净边、缝边和空位线

经过这样的处理后,每个裁片的边缘有三个线条。最里的是净边线,也称净线;中间的是止口线,也称缝边线;最外面的是空位线,见图 13-11。

3. 花位还原裁片的正确排法和错误排法

凡是花位还原的部位,不需要空位,只需要把这一片的止口线和下一片的止口线靠拢即可,另外排料图上要显示面料属性、幅宽、长度,然后截屏发送到印花(绣花厂),见图 13-12。

花位还原正确的排法是,前中在一条线上,后中也在一条线上,腰节上、下之间没有空位,见图 13-13。

花位还原错误的排法是,前、后、中不在一条线上,腰节上、下之间有空位,见图 13-14。

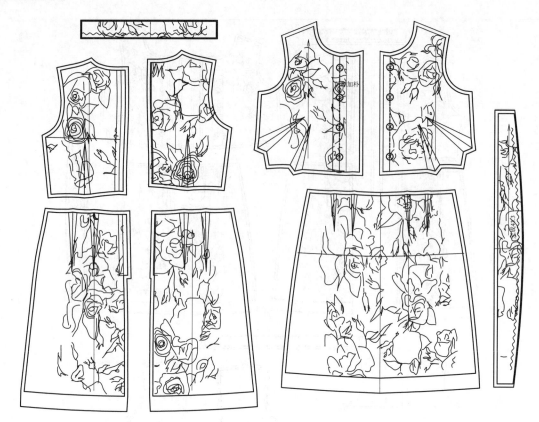

图 13 - 9

图 13 - 10

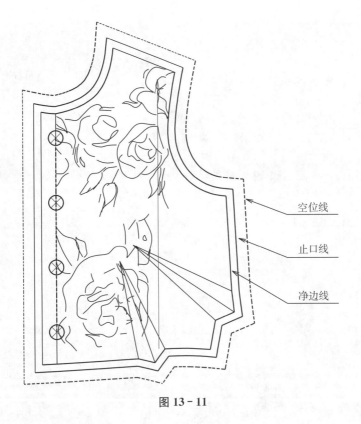

图 13 - 11

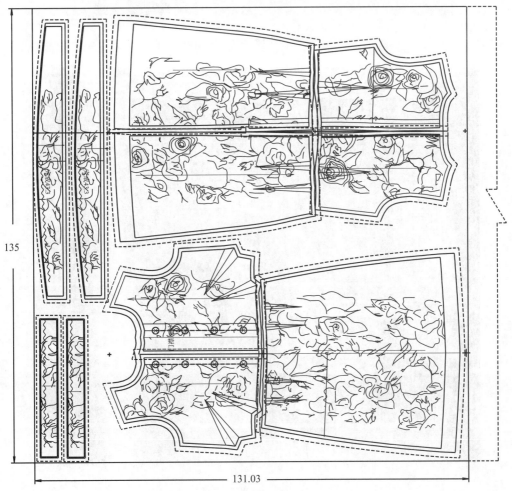

图 13 - 12

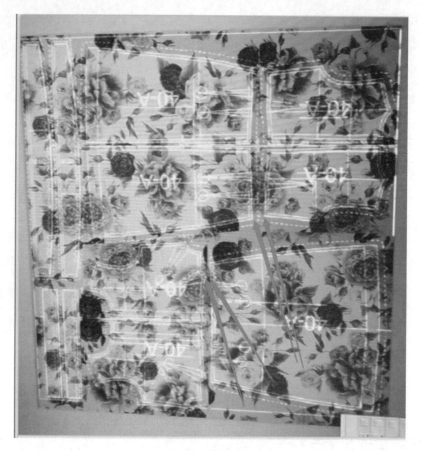

图 13 - 13

图 13 - 14

4. 幅宽

要事先知道布料的幅宽才可以进行排料。

5. 尽量不要两件套排

两件套排会比较节省布料,但是裁剪时没有单件排料方便,因此尽量单件排料。只有在单件排料有比较大的空白位置,明显非常浪费面料的情况下,才选择两件套排的方式。

6. 分界线和坐标

图 13 - 15 所示排料图的两头要印出比较细、颜色比较浅的直线,称为分界线,前中线、后中线上的坐标标记也要印出来,这个坐标标记对于确定裁片位置和纱向有很重要的参照作用。

图 13 - 15

7. 先印出(或者绣出)一件

由于工业化服装生产都要先试制,经过确认后再批量生产。所有印花(绣花)服装都要先印(绣)出一件,做成样衣,检查花型的尺寸、颜色、位置,确认无误后再批量印花(绣花)。

8. 保存文件

印花(绣花)裁片处理完成后,要保存文件,方便以后查看和修改。

9. 印花(绣花)厂处理后的图形见图 13 - 16。

图 13 - 16

第五节　裙子和裤子织带做腰底的方法

有的裙子和裤子采用织带做腰底（即腰贴）。由于织带是直的，并且很难做成弯形，而裙子和裤子的腰往往是弯形的，因此需要把织带两头做成斜角的形状，再在织带上收比较小的省道，这样才能和腰相吻合，见图 13 - 17～图 13 - 20。

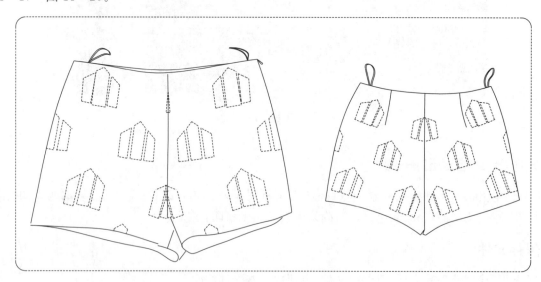

图 13 - 17

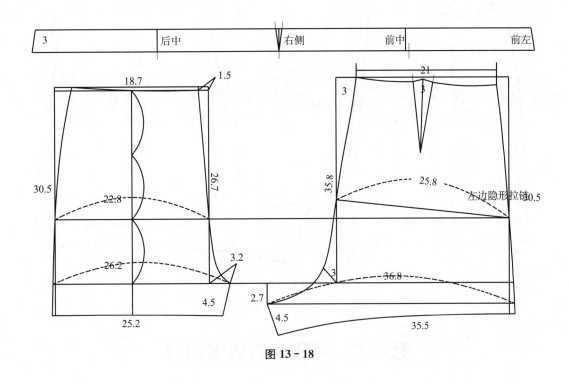

图 13 - 18

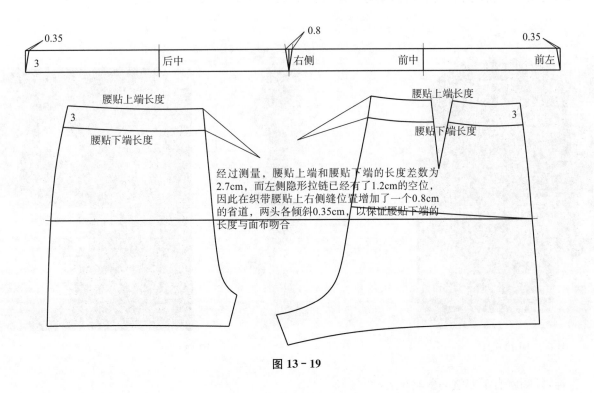

经过测量，腰贴上端和腰贴下端的长度差数为2.7cm，而左侧隐形拉链已经有了1.2cm的空位，因此在织带腰贴上右侧缝位置增加了一个0.8cm的省道，两头各倾斜0.35cm，以保证腰贴下端的长度与面布吻合

图 13 - 19

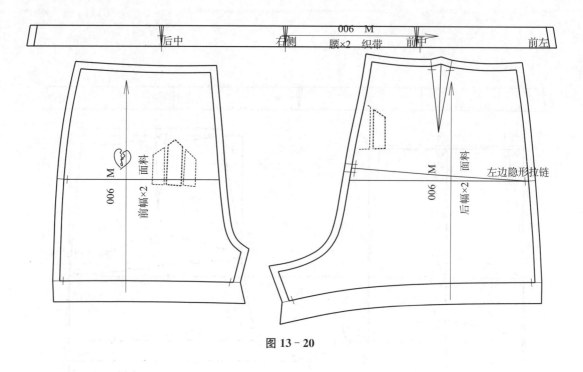

图 13 - 20

第六节　用蕾丝布边做领圈

　　用蕾丝布边做领圈时,领圈是弯度很大的弧形线,蕾丝布边无法弯曲到这个弯度,见图 13 - 21。解决方法是把蕾丝布边完整的图案剪下来,叠加缝合到领圈上,见图 13 - 22。

图 13 - 21

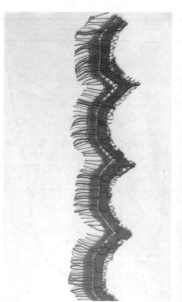

图 13 - 22

　　这样,领圈就有了完整的蕾丝布边,见图 13 - 23。

图 13 - 23

第七节　压褶怎样修片

注意压褶的款式可以有简单的弧形线,但是不可以有太多的弧形线,实际裁片见图13-24。

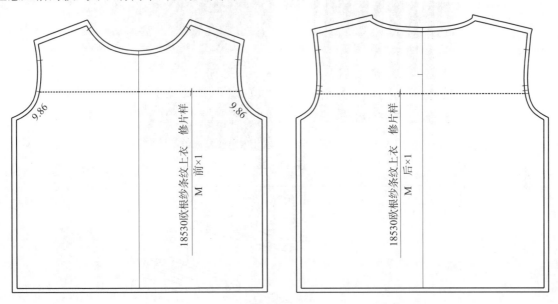

图 13 - 24

毛样可以把弧线线条改成直线形状,见图 13 - 25。

压褶完成后效果见图 13 - 26。

压褶完成后,裁片收缩得很紧凑,就无法用修片纸样进行修片了。

遇到这种情况,解决的方案是在裁片上画线或者用其他方式进行定位,把修片样的形状标注出来,再用缝纫机沿着裁片的线迹先走一遍,见图 13 - 27。

注意缝纫线的颜色要和面料的底色相匹配,走好这个线迹,再去压褶,完成后沿着线迹进行修剪就可以了。

需要注意的是,真丝面料不可以作为压褶裁片,真丝压褶洗水后,褶痕会消失,可以选用化纤布、欧根纱布或者棉布。

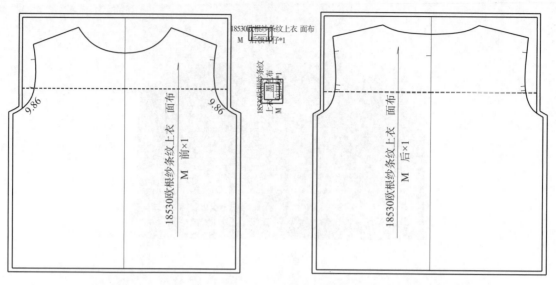

图 13 - 25

图 13 - 26

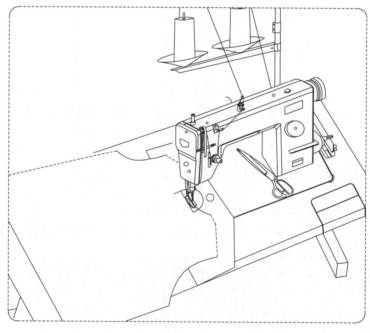

图 13 - 27

第八节　怎样在裁剪时对格子(条纹)

　　衣服准确地对格子(条纹)会更加美观,给人以浑然一体的美感,但是对格子(条纹)会有比较多的空位和浪费,会增加用料量,因此在计算用料时要根据格子大小、类型和款式增加用料,见图13-28。

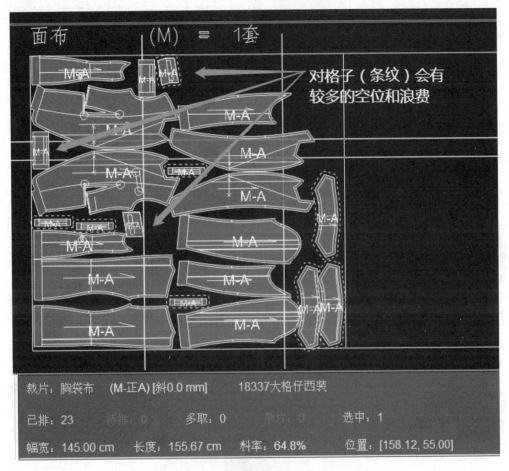

图 13-28

　　(1) 对格子(条纹)款式见图13-29,这类服装要先了解服装结构。

图 13-29

一般情况下,袖窿和袖山的下半部分长度是相等的,袖山的吃势都在袖山弧线的上半部分,可以以袖窿弧线的中点进行分界,作出定位标记,袖山弧线的下半部分,也就是袖底,是没有吃势的,只有男西装的袖底会有少量吃势,但是数值很小,约0.1~0.3cm,有时可以忽略不计,见图13-30。

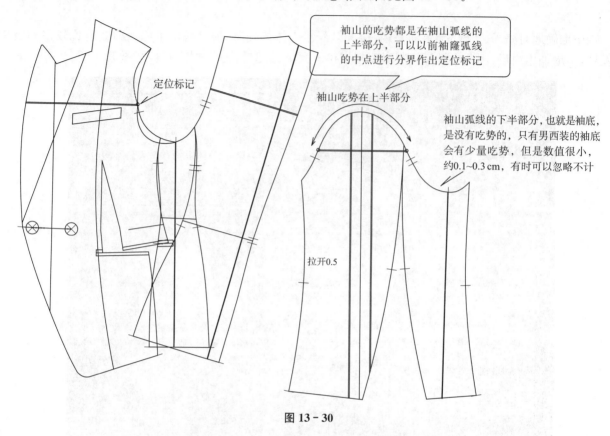

袖山的吃势都在袖山弧线的上半部分,可以以前袖窿弧线的中点进行分界作出定位标记

袖山吃势在上半部分

定位标记

袖山弧线的下半部分,也就是袖底,是没有吃势的,只有男西装的袖底会有少量吃势,但是数值很小,约0.1~0.3cm,有时可以忽略不计

拉开0.5

图 13-30

(2)如果是上衣对格(条纹),要区分是否有胸省。因为胸省量有大有小,是一个不确定的数值,经过胸省转移处理,如胸省转到腰省,侧缝就可能对不上,见图13-31、图13-32。

图 13-31

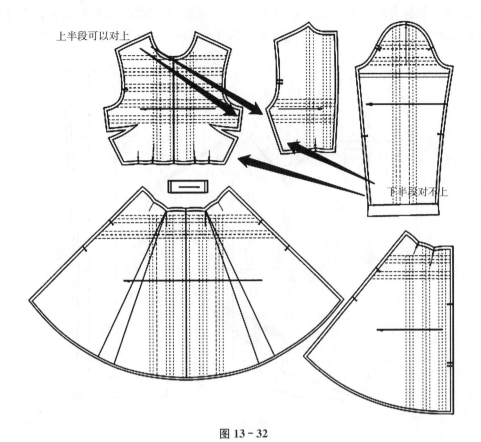

图 13 - 32

（3）四开身公主缝结构，经过胸省转移处理，侧缝可以对上，见图 13 - 33。

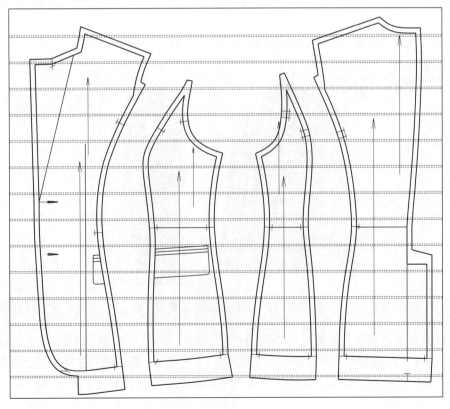

图 13 - 33

（4）三开身结构，只是胸高点这个部位对格（条）会有一点偏差，可以利用归拢的方式进行处理，极少量的偏差是可以接受的，前下半段可能对不上，后分割缝基本可以对上，见图13－34。

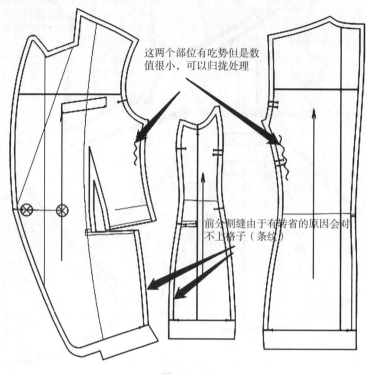

这两个部位有吃势但是数值很小，可以归拢处理

前分割缝由于有转省的原因会对不上格子（条纹）

图 13－34

（5）对横条纹的重点是对准前胸这个部位的条纹，方法是在前后袖窿净线中间确定一个定位点，然后在前后袖山净线上确定一个对应的定位点，只要这两个定位点对准，就可以对准前胸的横条纹了，见图13－35。

后背和后袖条纹允许有差数，但是要左右对称，见图13－36。

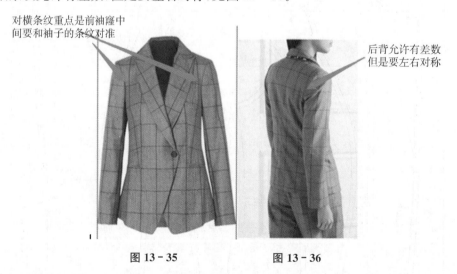

对横条纹重点是前袖窿中间要和袖子的条纹对准

后背允许有差数但是要左右对称

图 13－35　　　图 13－36

（6）领子、口袋、袋唇和袋盖等小裁片可以预留比较宽的空位，然后由缝纫和包烫员工根据实际情况进行对格子（条纹），这样更具有伸缩性和灵活性，以保证格子（条纹）的还原和左右对称，见图13－37。

那么，什么是格子（条纹）还原呢？就是在完成这件衣服后小裁片的格子（条纹）要和衣身吻合，成为一个整体。

还有就是要注意左胸袋唇，前中处的条纹和格子。

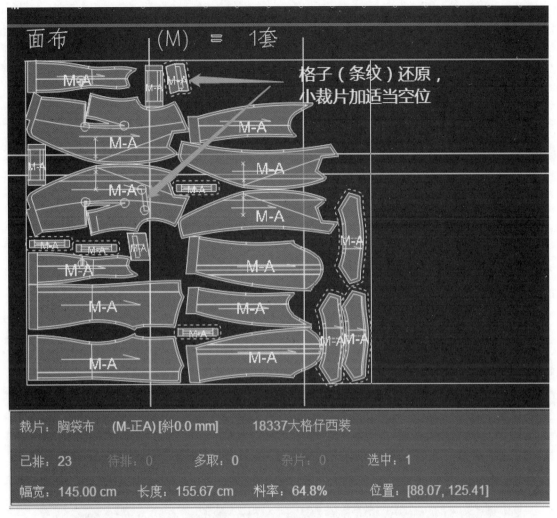

图 13 - 37

另外，后中由于有后剖缝，可能无法严格地还原到衣身原本的格子（条纹）状态，但要尽量减少偏差，尽量保持格子（条纹）间距尺寸的统一，见图 13 - 38。

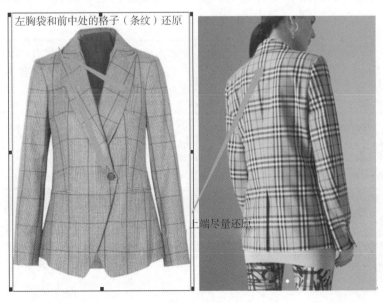

图 13 - 38

后片还原不需要太严格,一般情况下,使下摆线条在水平线上,后中使后分割缝在水平线上即可,见图 13-39。

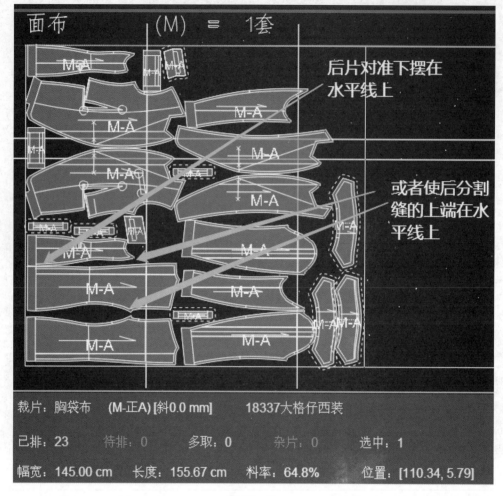

图 13-39

(7) 裤子对准前、后外侧缝,内侧缝允许有少量的误差,在打板时要注意下脚口线条尽量水平,见图 13-40、图 13-41。

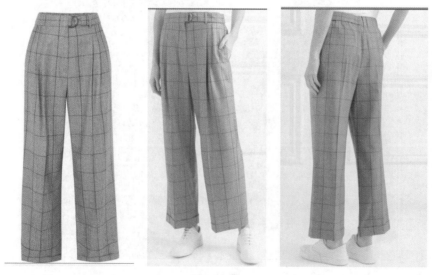

图 13-40

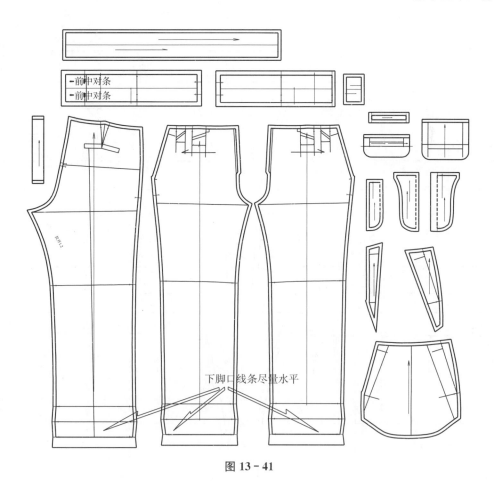

下脚口线条尽量水平

图 13-41

（8）裙子对格子（条纹）比较简单，只需要对外侧，再注意前、后中线的位置，保持左右对称即可，见图 13-42、图 13-43。

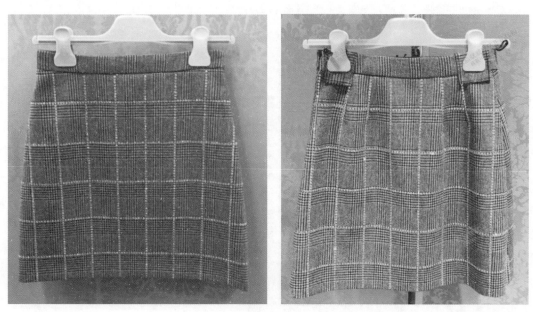

图 13-42

（9）在打板时要注意下摆线条尽量水平，这样对格子（条纹）比较方便，见图 13-44、图 13-45。

为了防止出现衣服前短后长的弊病，可以把前肩颈点向上拉伸 0.5～1cm，使胸部空间增大，就是使前肩斜变得更加倾斜，同时要调节一下前后肩缝线条的长度，见图 13-46。

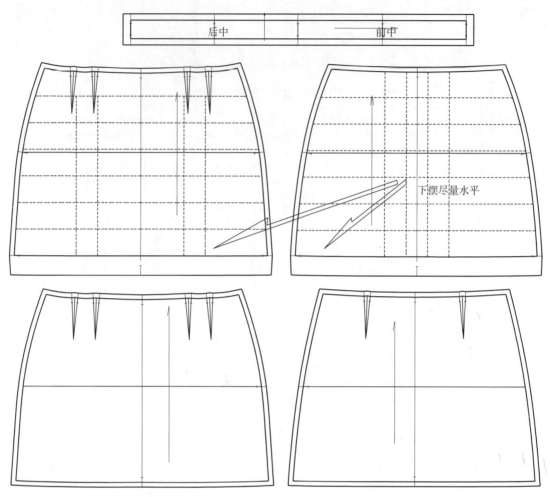

图 13 - 43

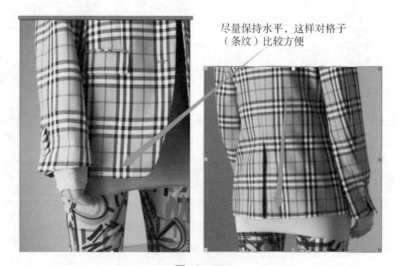

图 13 - 44

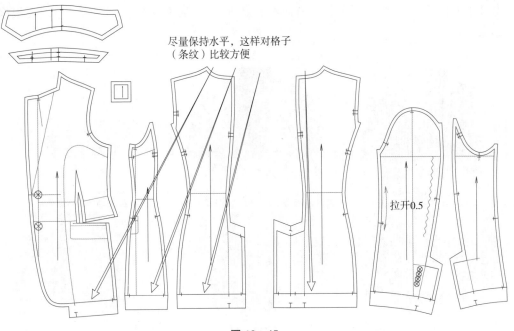

尽量保持水平，这样对格子
（条纹）比较方便

拉开0.5

图 13 - 45

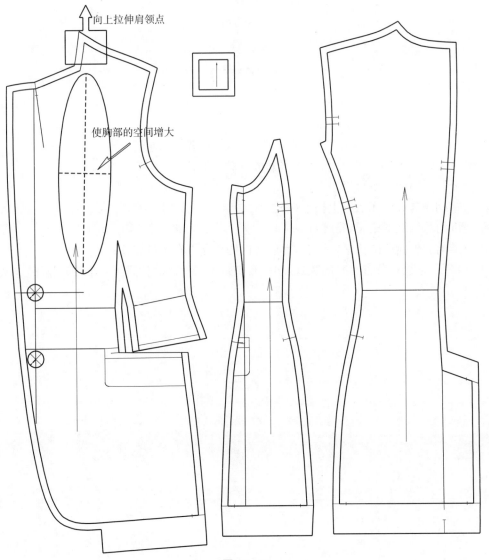

向上拉伸肩领点

使胸部的空间增大

图 13 - 46

（10）太细小的格子（条纹），为了节省布料而不需要对格子（条纹），见图 13 - 47。总之要根据实际情况进行灵活处理。

图 13 - 47

小结

（1）对格子（条纹）的款式用料要增加；

（2）对格子（条纹）关键是前袖窿中点和袖子要对上，袖山要加入吃势；

（3）有胸省的侧缝上半部分要对上，下半部分可以对不上；

（4）四开身公主缝结构基本可以对上；

（5）三开身结构侧缝可能无法对上格子（条纹）；

（6）裙子对准前后侧缝的格子（条纹）；

（7）裤子对准前后外侧缝的格子（条纹），而前后内侧缝允许有少量偏差；

（8）细小的格子（条纹），节省布料的款式，和里布有格子（条纹）的款式可以不用对格子（条纹）。

第十四章　下装款式实例

本书所列举的实例,都是经过实际制作和生产,并经过市场验证的,但是需要说明的是,由于有的时装有比较特殊的造型要求,如裤子会出现:

中缝不垂直;

中缝偏移;

脚口线不水平的现象。

常见的女裤结构图都是一个模式,实际上,各部位线条都可灵活变化,有很多朋友不知道实际情况,不敢越雷池一步,只能墨守成规。

而上衣则会出现:

肩特别宽;

肩斜线角度发生变化,有的角度比较平,有的又比较斜;

借肩;

衣长特别的短等现象。

这样就造成有些图形和结构看上去不合常规,显得怪异。这种情况下请读者朋友们不要墨守成规,而是要善于变换思维,善于辨别,从中汲取有用的因素,主动地通过实践验证,而不要停留在常规逻辑推理方面的争论。

本书列举的实例,其实是细化基本型的实践。

例如连衣裙板型有:有胸省板型、无胸省板型、后中剖缝板型、无后中剖缝板型及针织面料板型。过去那种依靠一个板型走天下的情形,在现在服装要求款式变化越来越多,对结构细节要求越来越高的局势下,已行不通了。

本书的每个实例详细地展示了款式图(有的是实物照片)、尺寸规格、制图要领、面料特征和全部的裁片图形,以方便大家参考。

第一节　直腰前开襟短裙

款式特征和绘图要领:

此款直腰,前中开门襟,左底襟比右门襟稍宽,有后腰省,但是没有前腰省,见图14-2。

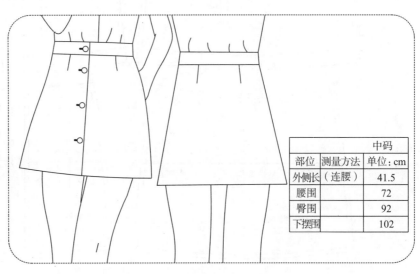

部位	测量方法	中码 单位:cm
外侧长	(连腰)	41.5
腰围		72
臀围		92
下摆围		102

图 14-1

结构图见图 14 - 2。

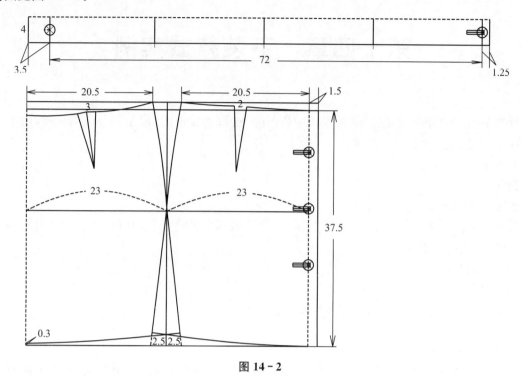

图 14 - 2

全部的裁片见图 14 - 3。

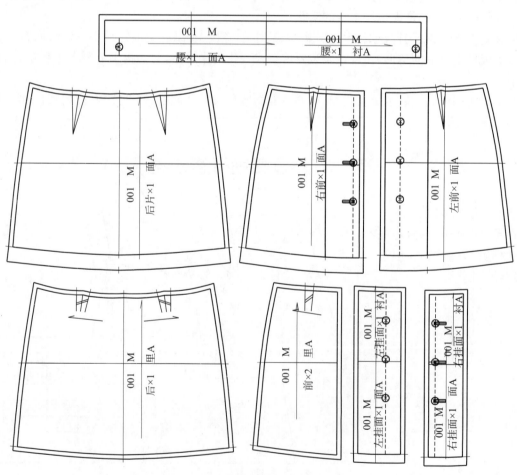

图 14 - 3

第二节 橡筋腰头短裙

款式特征和绘图要领:

此款后中盖齿拉链到后腰顶端,后腰左右各有两个腰省,前片左右各有一个分割缝和一个腰省,各有一个脚衩,见图14-4。

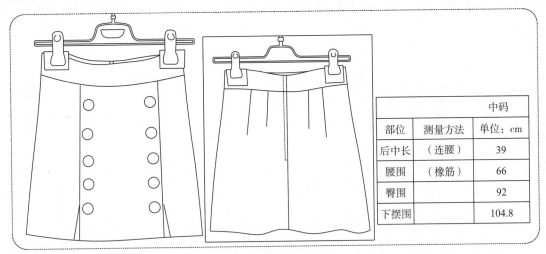

		中码
部位	测量方法	单位: cm
后中长	(连腰)	39
腰围	(橡筋)	66
臀围		92
下摆围		104.8

图 14-4

注意此款的裙腰是用5cm宽度的橡筋做成的,绘图时要保持裙片有一定的松量,有后拉链的,需要加松量6~8cm,没有拉链的,需要把松量加到腰围尺寸不小于臀围尺寸,这样才可以穿脱方便。

结构图见图14-5。

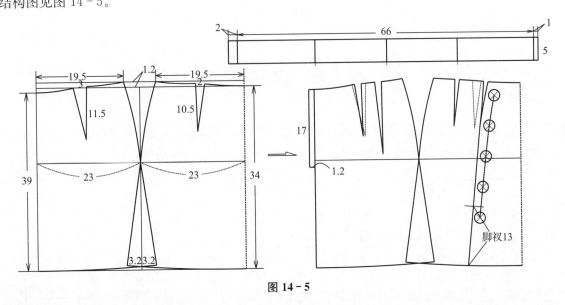

图 14-5

全部的裁片见图14-6。

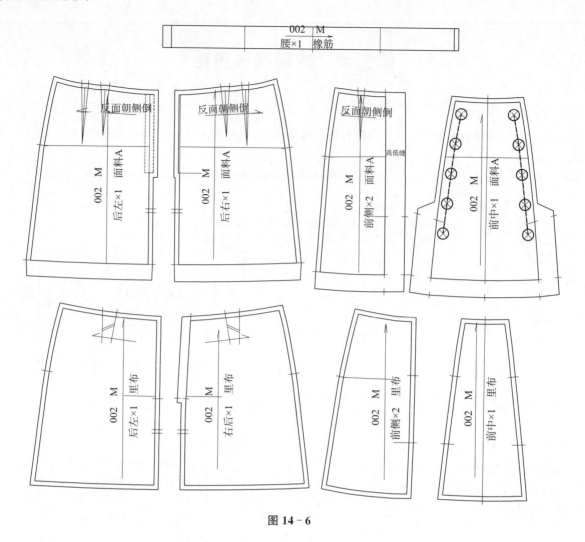

图 14-6

第三节　平脚短裤

款式特征和绘图要领：此款为西装短裤，前后各有两个口袋，有后腰省，成衣完成后脚口接近水平，见图 14-7。

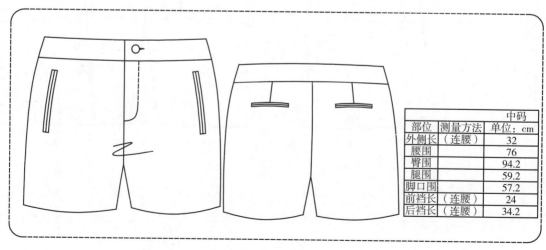

部位	测量方法	中码
		单位：cm
外侧长	（连腰）	32
腰围		76
臀围		94.2
腿围		59.2
脚口围		57.2
前裆长	（连腰）	24
后裆长	（连腰）	34.2

图 14-7

结构图见图 14 - 8。

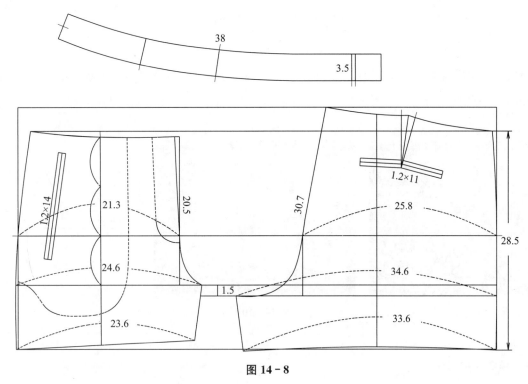

图 14 - 8

全部的裁片见图 14 - 9。

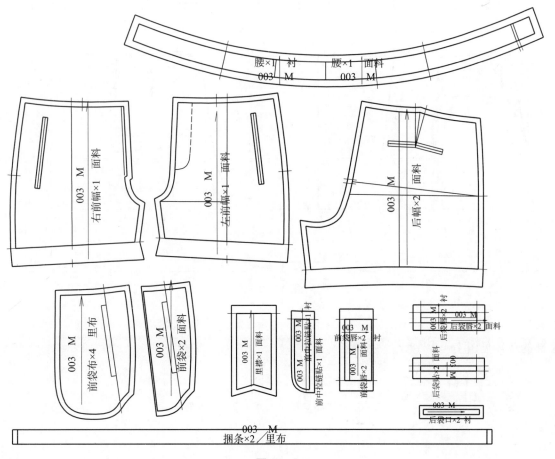

图 14 - 9

第四节　印花短裤

款式特征和绘图要领：此款采用真丝面料和定位印花的方式，比较宽松，前片两侧斜插袋，左侧装隐形拉链。另外，由于此款左右的印花图案是不对称的，所以裁片左右都是分开放置的，见图14－10。

部位	测量方法	中码 单位：cm
外侧长	（连腰）	39.3
腰围		72.4
臀围		102
腿围		71.5
脚口围		69.2
前裆长	（连腰）	31.1
后裆长	（连腰）	38.2

图 14－10

结构图见图14－11。

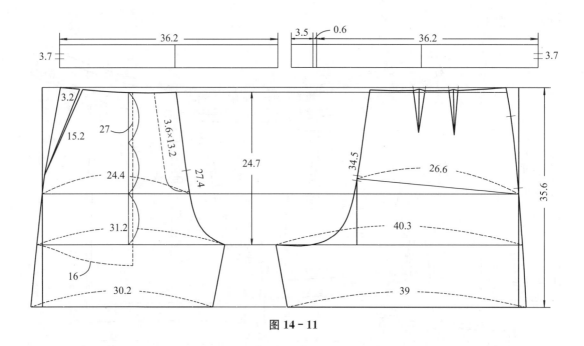

图 14－11

全部的裁片见图14－12。

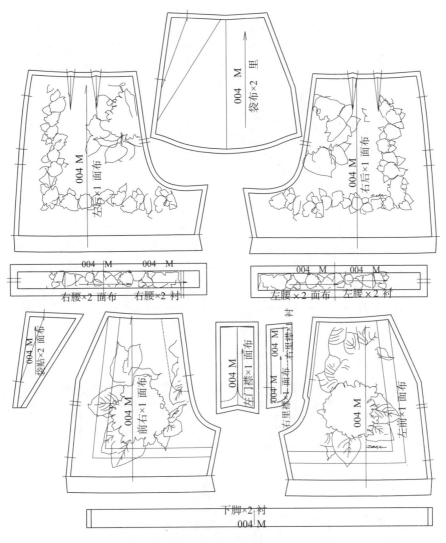

图 14-12

第五节　直腰女西裤

款式特征和绘图要领:此款直腰,裤腰面层用本布,腰贴用成品腰里,见图 14-13,前斜插袋,后片有两个"一"字形假袋,五个裤襻,前后烫中缝(也称挺缝),见图 14-14。

		中码
部位	测量方法	单位：cm
外侧长	（连腰）	99
腰围		74
臀围		92
腿围		57
膝围		41
脚口围		34
前裆长	（连腰）	27
后裆长	（连腰）	37

图 14-13

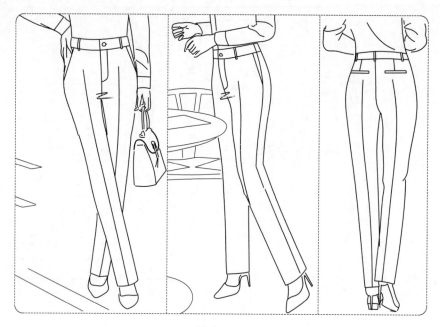

图 14-14

结构图见图 14-15～图 14-17。

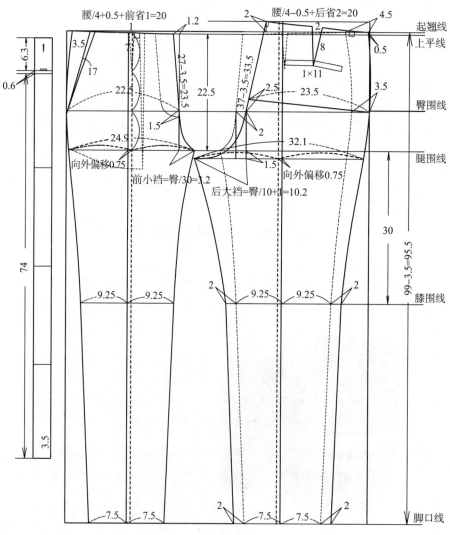

图 14-15

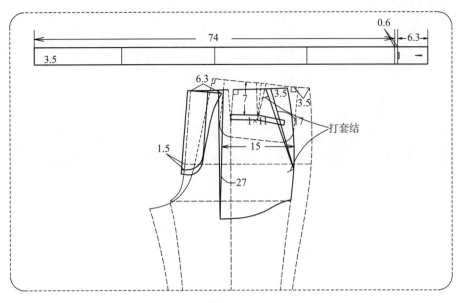

图 14-16

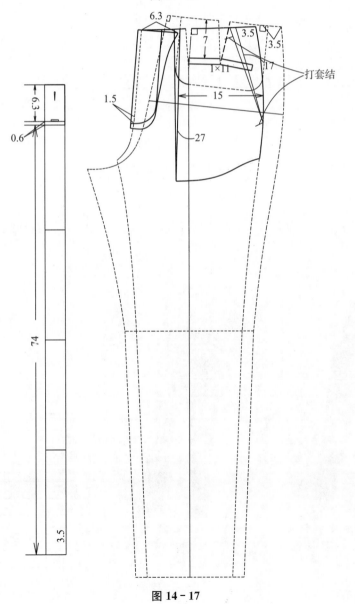

图 14-17

全部的裁片见图 14-18。

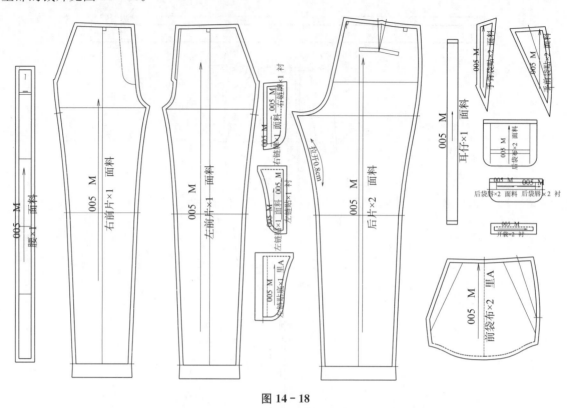

图 14-18

第六节　弯腰西裤

款式特征和绘图要领：此款为九分裤，裤腿和脚口尺寸比较小，前片有斜插袋，后片有后腰省，有后假袋，见图 14-19。

		中码
部位	测量方法	单位：cm
外侧长	（连腰）	88.6
腰围		73
臀围		94
腿围		57.6
膝围		39
脚口围		31.2
前裆长	（连腰）	26.6
后裆长	（连腰）	37.1

图 14-19

结构图见图 14 - 20。

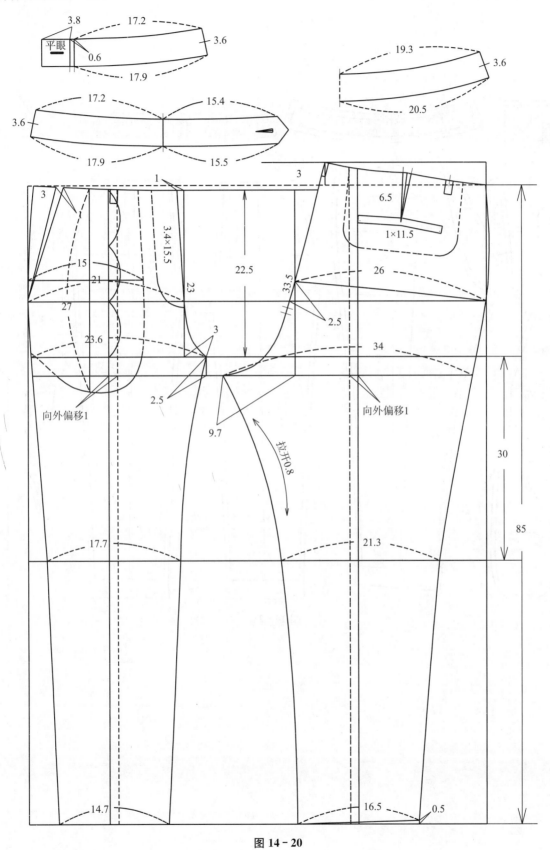

图 14 - 20

全部的裁片见图 14 - 21。

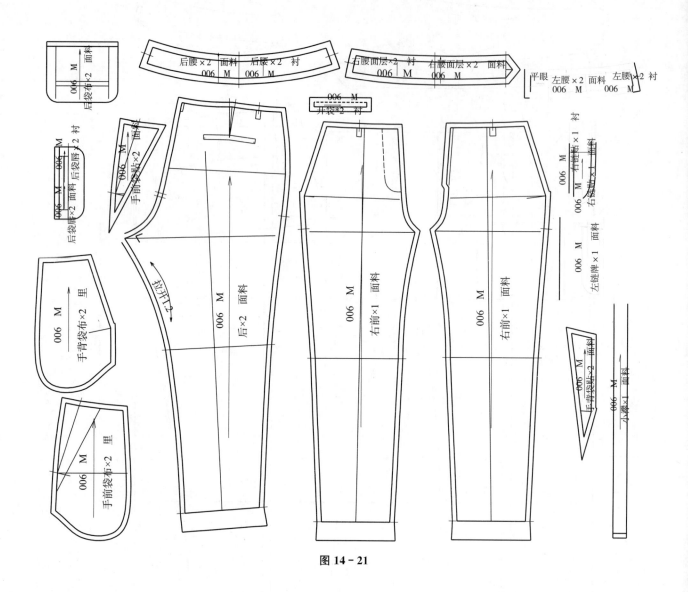

图 14 - 21

第七节　后腰橡筋萝卜裤

款式特征和绘图要领：此款为下小上大的萝卜裤，后腰用橡筋做成，有前斜插袋和后袋，见图 14-22。

结构图见图 14-23。

全部的裁片见图 14-24。

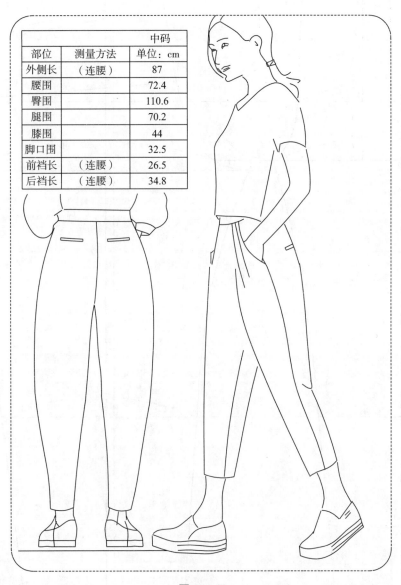

部位	测量方法	中码 单位：cm
外侧长	（连腰）	87
腰围		72.4
臀围		110.6
腿围		70.2
膝围		44
脚口围		32.5
前裆长	（连腰）	26.5
后裆长	（连腰）	34.8

图 14-22

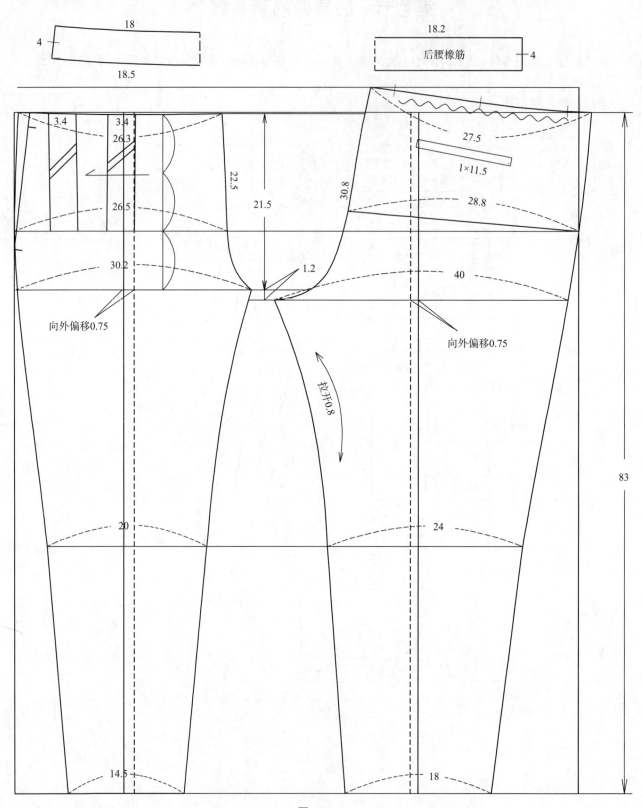

18

4

18.5

18.2

4

3.4   3.4
26.3

22.5

21.5

30.8

27.5

1×11.5

26.5

28.8

30.2

1.2

40

向外偏移0.75

向外偏移0.75

拉开0.8

83

20

24

14.5

18

图 14 - 23

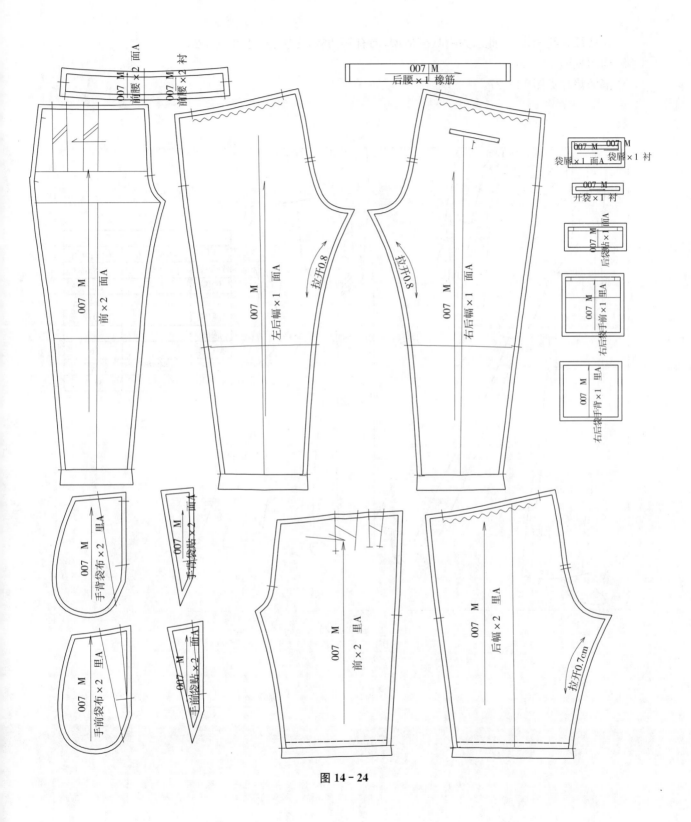

图 14-24

第八节　喇叭长裤

款式特征和绘图要领：此款为喇叭裤造型，前有斜插袋，无后袋，见图14-25。

结构图见图14-26。

全部的裁片见图14-27。

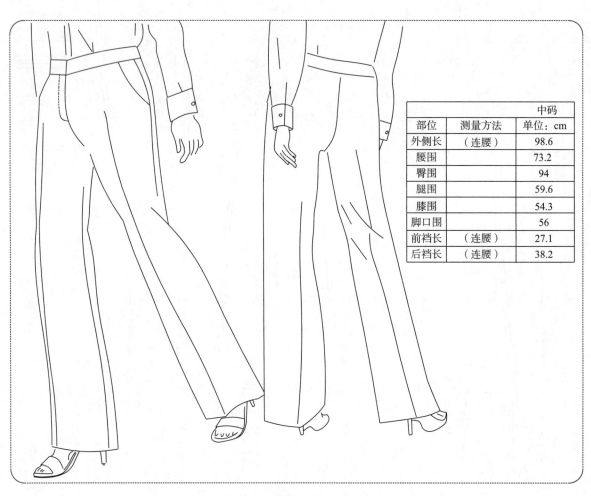

部位	测量方法	中码 单位：cm
外侧长	（连腰）	98.6
腰围		73.2
臀围		94
腿围		59.6
膝围		54.3
脚口围		56
前裆长	（连腰）	27.1
后裆长	（连腰）	38.2

图14-25

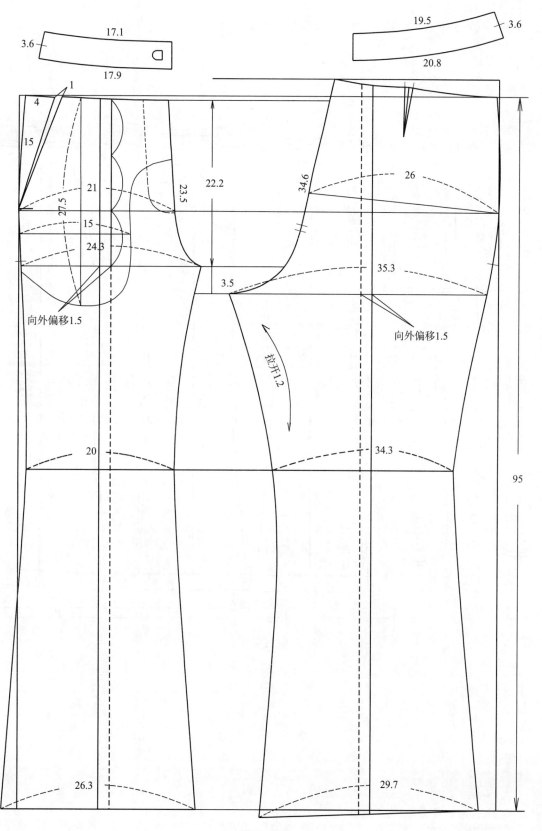

图 14－26

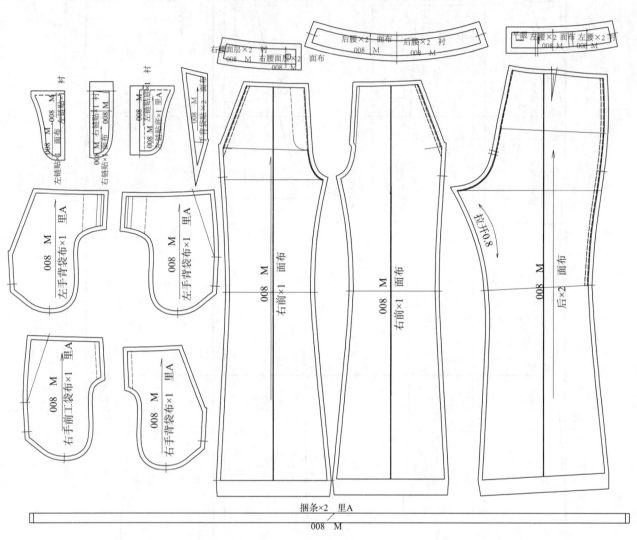

图 14－27

第九节 直筒长裤

款式特征和绘图要领:此款为比较宽大的直筒裤,前片有开袋,后片有贴袋,没有前拉链和门襟,腰穿橡筋和棉绳,见图14-28。

结构图见图14-29。

全部的裁片见图14-30。

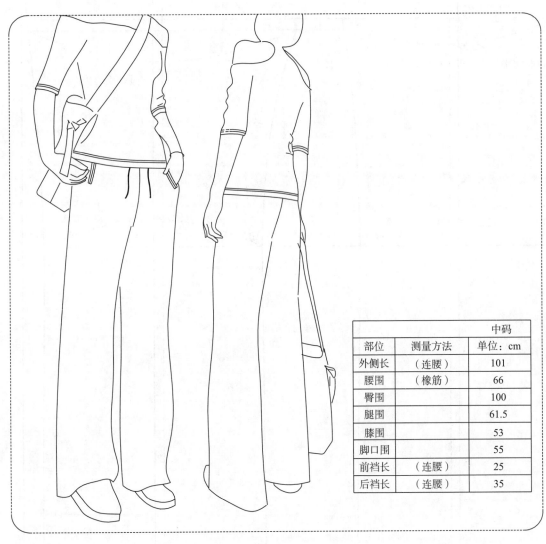

		中码
部位	测量方法	单位:cm
外侧长	(连腰)	101
腰围	(橡筋)	66
臀围		100
腿围		61.5
膝围		53
脚口围		55
前裆长	(连腰)	25
后裆长	(连腰)	35

图 14-28

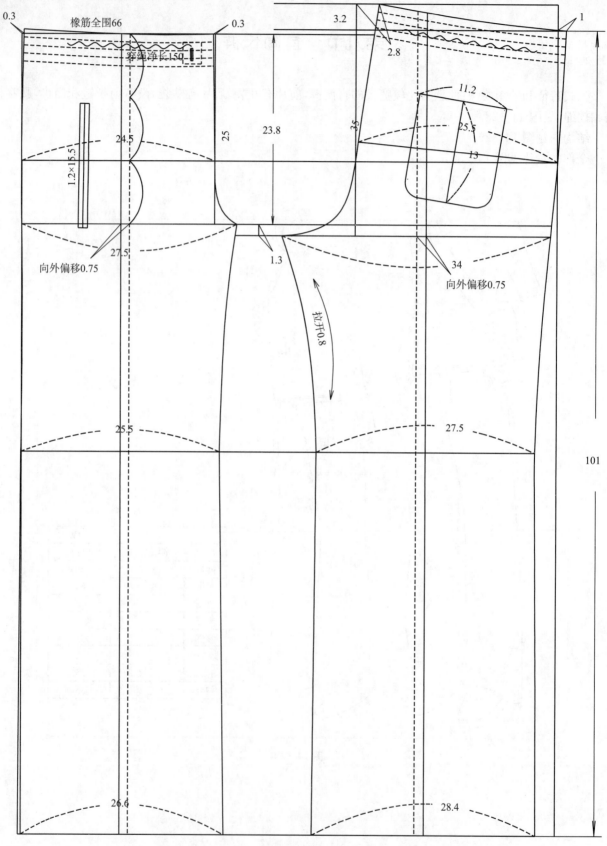

图 14 - 29

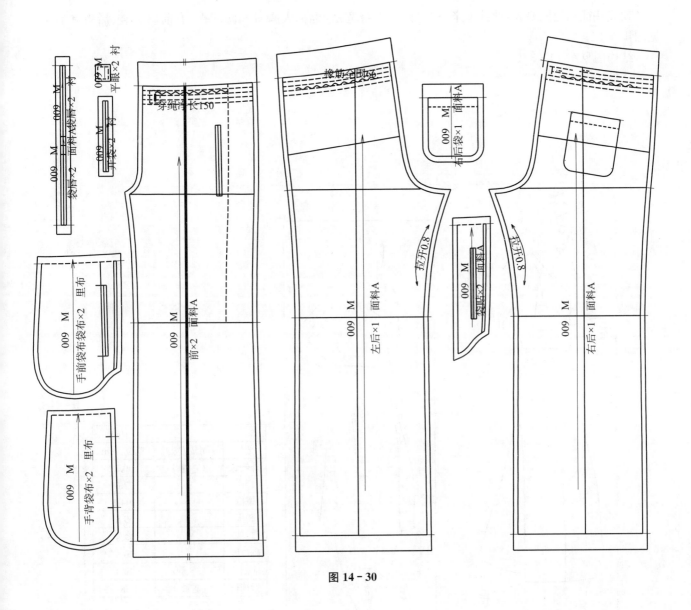

图 14 - 30

第十节　宽脚长裤

款式特征和绘图要领：此款上半身贴身，下半身宽松，也称大脚裤和阔腿裤，有前斜插袋、后省和后袋，见图14-31。

结构图见图14-32。

全部的裁片见图14-33。

		中码
部位	测量方法	单位：cm
外侧长	（连腰）	89.7
腰围		77.6
臀围		104.2
腿围		69.8
膝围		72.5
脚口围		80.5
前裆长	（连腰）	29.8
后裆长	（连腰）	38

图 14-31

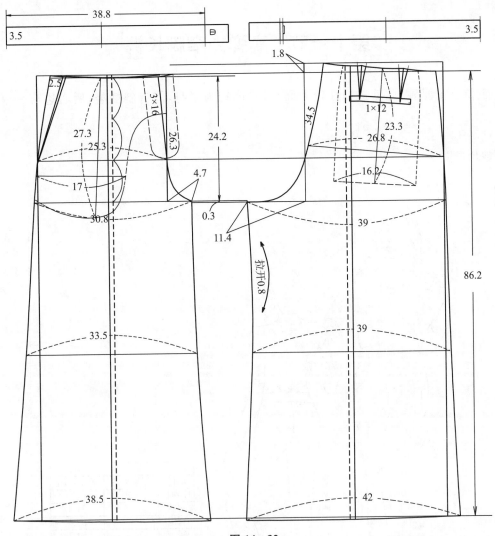

图 14 - 32

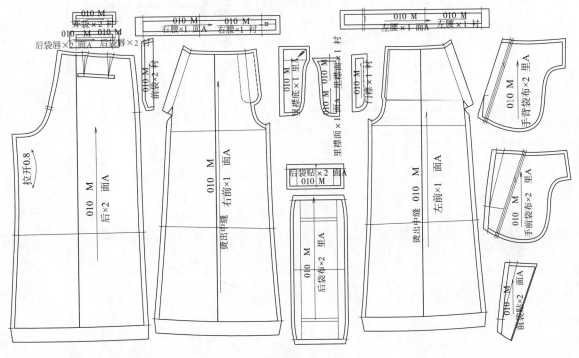

图 14 - 33

第十一节 高弹力窄脚长裤

款式特征和绘图要领:此款选弹性较大面料,整体较为紧身,前有斜插袋,后右边有一个假袋,见图14-34。

结构图见图14-35。

全部的裁片见图14-36。

部位	测量方法	中码
		单位:cm
外侧长	(连腰)	95
腰围		71.6
臀围		87.4
腿围		54.2
膝围		33.5
脚口围		24.3
前裆长	(连腰)	26.3
后裆长	(连腰)	37.2

图 14 - 34

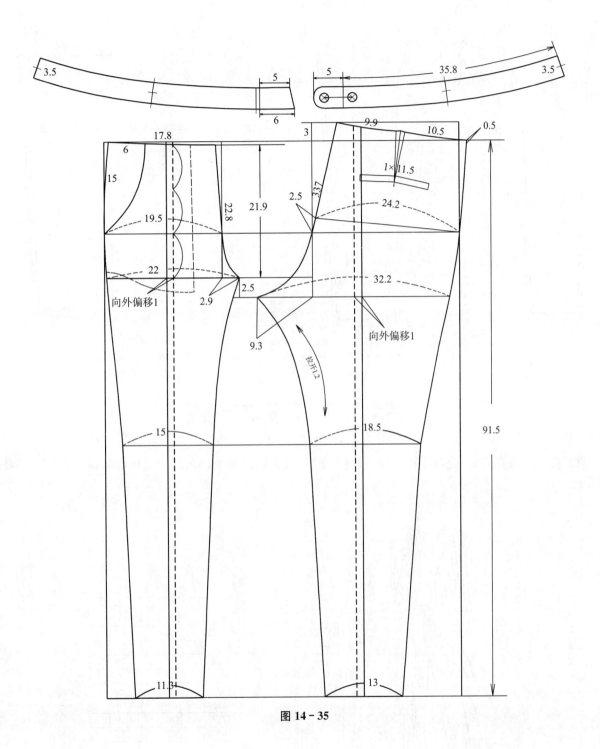

图 14 - 35

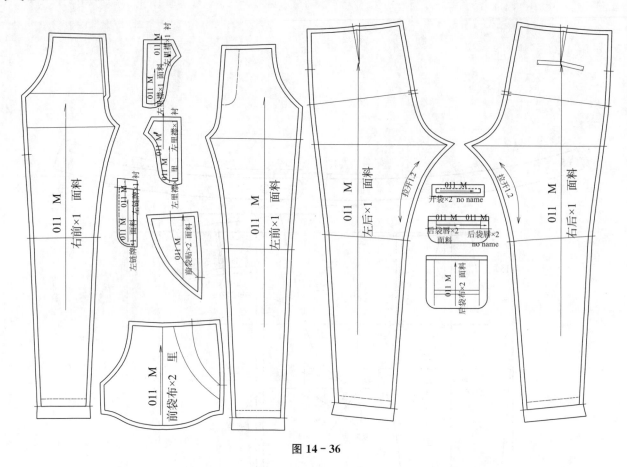

图 14－36

第十二节　印条纹长裤

款式特征和绘图要领：此款比较宽松，面料有条纹，要求脚口水平，前、后中缝线要尽量垂直，脚口翻转，见图 14－37。

图 14－37

部位	测量方法	中码 单位：cm
外侧长	（连腰）	93.5
腰围		73.2
臀围		99.2
腿围		62
膝围		51
脚口围		44
前裆长	（连腰）	29.7
后裆长	（连腰）	38.7

结构图见图 14-38。

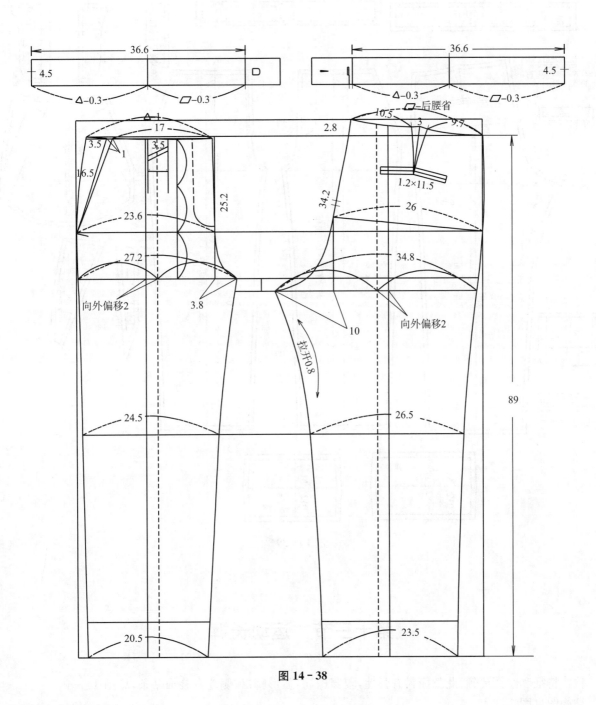

图 14-38

全部的裁片见图 14-39。

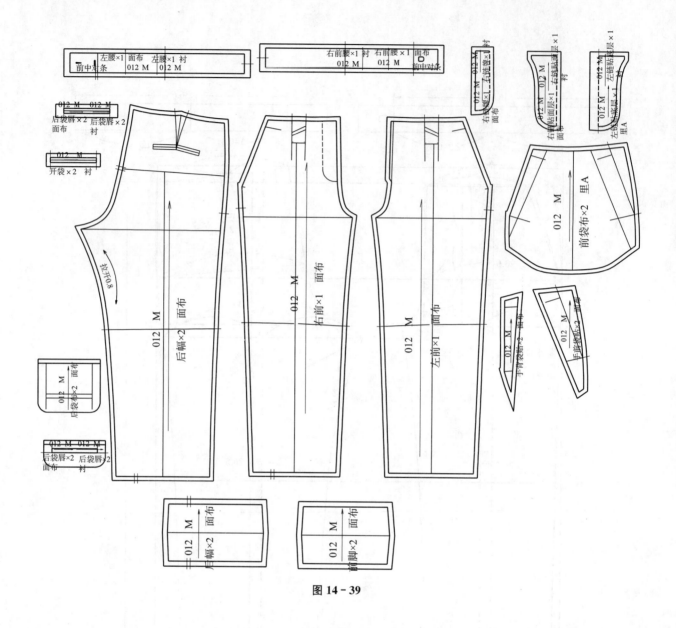

图 14-39

第十三节　运动长裤

款式特征和绘图要领：此款面料有弹性，腰穿橡筋，弧形脚口，侧缝有装饰贴条，见图 14-40。

结构图见图 14-41。

全部的裁片见图 14-42。

部位	测量方法	中码 单位：cm
外侧长	（连腰）	98.5
腰围	（橡筋）	66
臀围		112.8
腿围		71.4
膝围		47.2
脚口围	（直线测量）	39
前裆长	（连腰）	28.4
后裆长	（连腰）	40.5

图 14 - 40

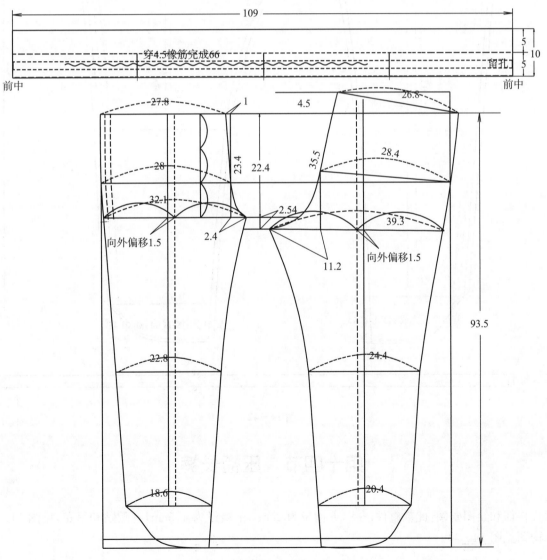

图 14 - 41

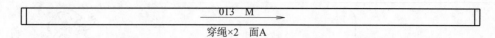

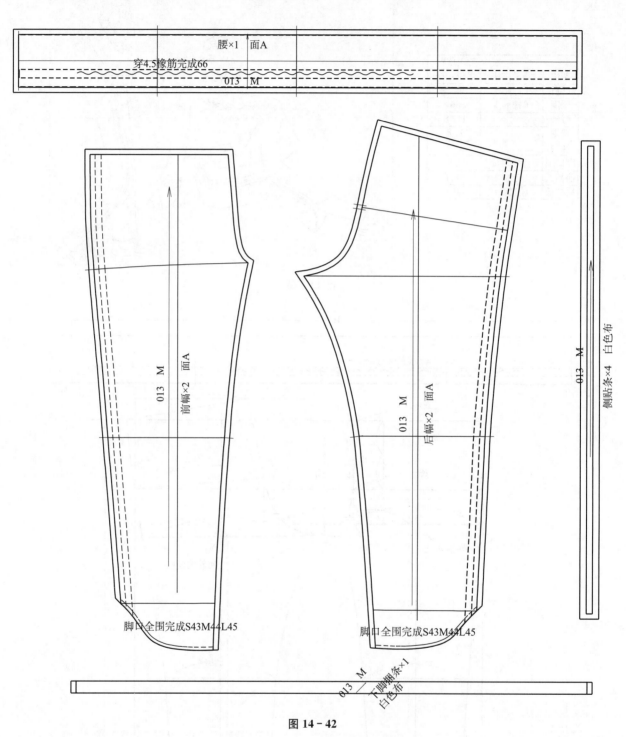

图 14 - 42

第十四节　压褶长裤

款式特征和绘图要领:此款整件压褶,上褶量为 2cm ,下褶量为 4.5cm,有腰贴和里布,见图 14 - 43。
结构图见图 14 - 44。

006连腰短裤成品尺寸		中码
部位	测量方法	单位：cm
外侧长	（外层连腰）	95.7
腰围		72.3
臀围		100
腿围		69.3
前裆长	（连腰）	34.5
后裆长	（连腰）	43.3

图 14-43

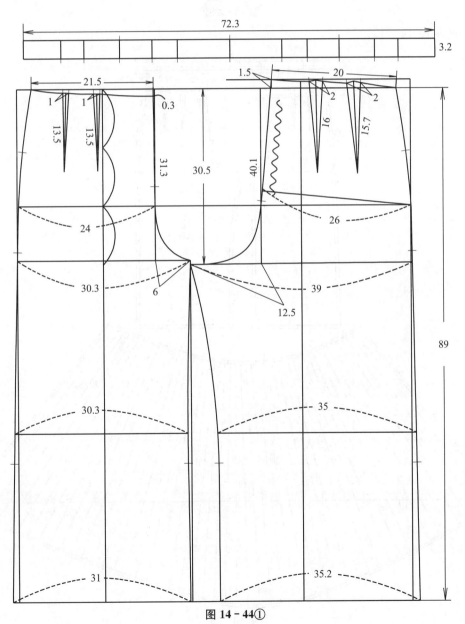

图 14-44①

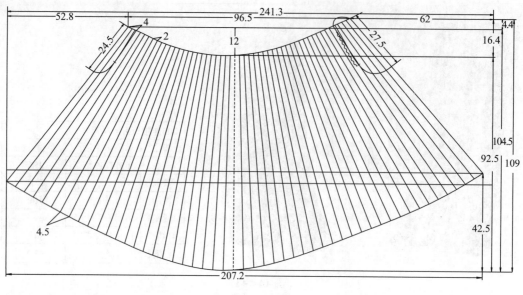

图 14 - 44②

全部的裁片见图 14 - 45。

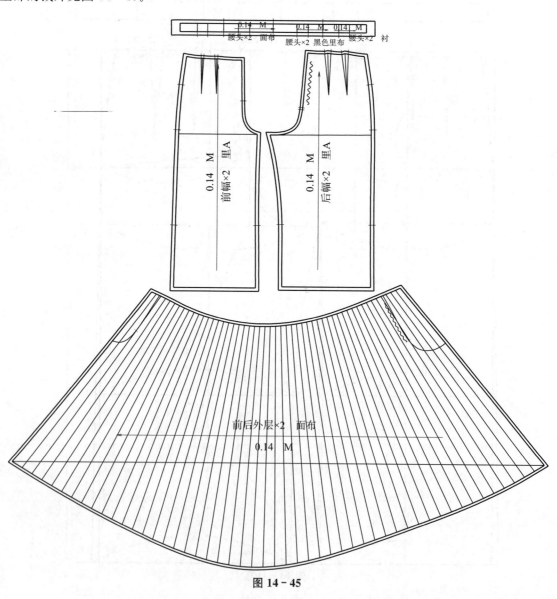

图 14 - 45

第十五节 针织穿橡筋长裤

款式特征和绘图要领：此款布料为针织布，腰穿橡筋和棉绳，前片有贴袋，后片无袋，见图14-46。

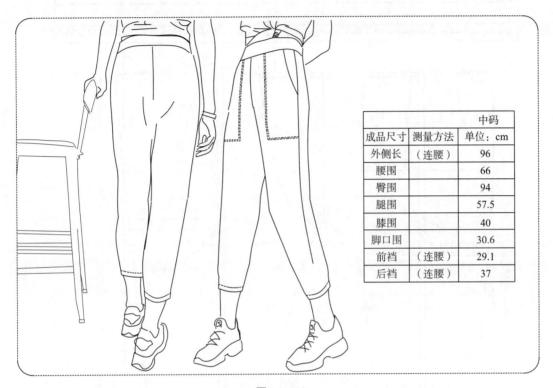

		中码
成品尺寸	测量方法	单位：cm
外侧长	（连腰）	96
腰围		66
臀围		94
腿围		57.5
膝围		40
脚口围		30.6
前裆	（连腰）	29.1
后裆	（连腰）	37

图14-46

结构图见图14-47。
全部的裁片见图14-48。

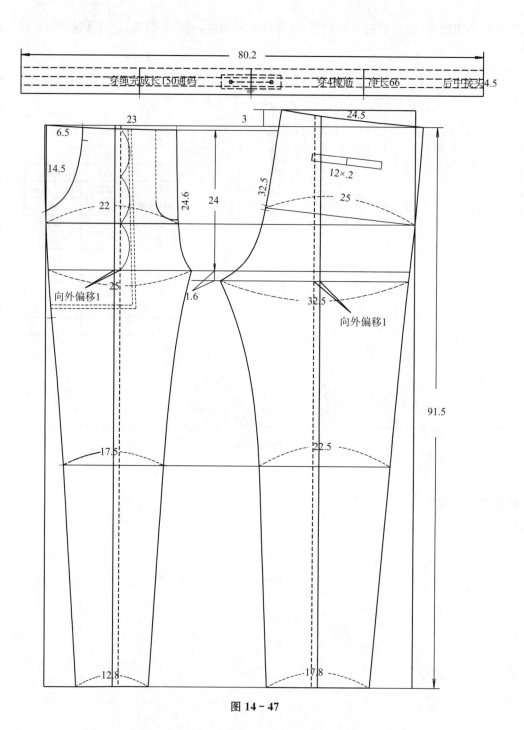

图 14 - 47

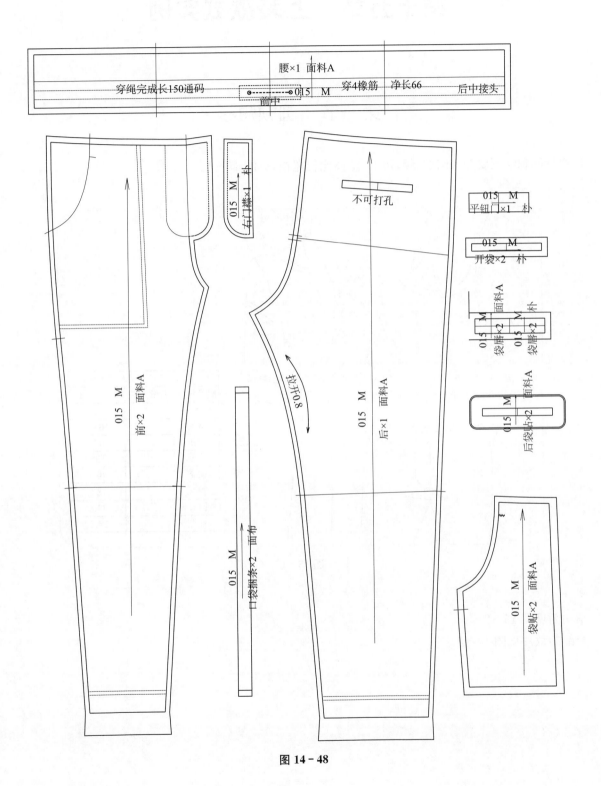

腰×1 面料A

穿绳完成长150通码

015 M

前中

穿4橡筋 净长66

后中接头

015 M 朴

右门襟×1

不可打孔

015 M

前×2 面料A

拉开0.8

015 M

后×1 面料A

015 M

平钮门×1 朴

015 M

开袋×2 朴

015 M 面料A

015 M 朴

袋底×2

袋腰×2

015 M 面料A

后袋贴×2

015 M 面布

口袋捆条×2 面布

015 M 面料A

袋贴×2

图 14－48

第十五章　上装款式实例

第一节　圆领短衫

款式特征和绘图要领：此款圆领，短袖，整体比较宽松，见图 15-1。

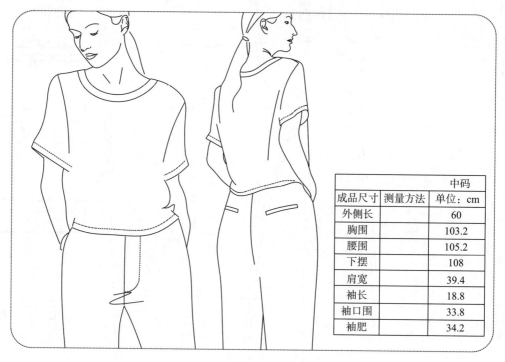

成品尺寸	测量方法	中码 单位：cm
外侧长		60
胸围		103.2
腰围		105.2
下摆		108
肩宽		39.4
袖长		18.8
袖口围		33.8
袖肥		34.2

图 15-1

结构图见图 15-2。

全部的裁片见图 15-3。

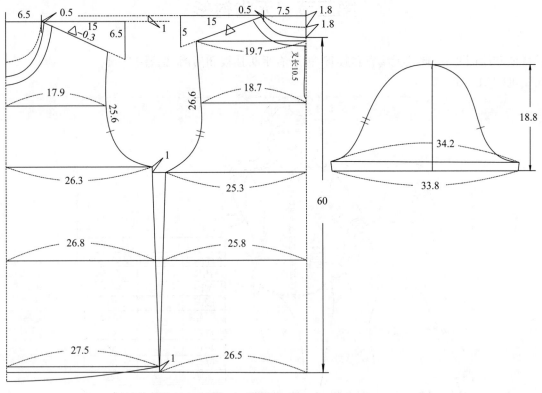

图 15－2

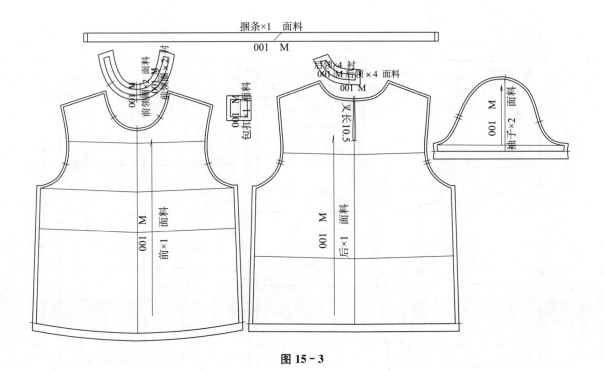

图 15－3

第二节　无省衬衫

款式特征和绘图要领：此款无胸省和腰省，袖子有平头袖衩和活褶，见图15－4。
结构图见图15－5。

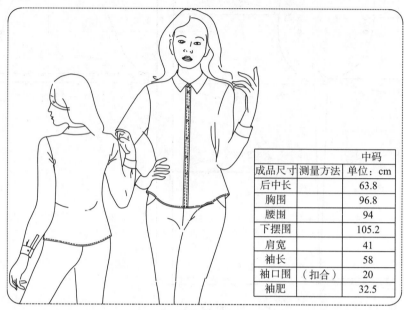

成品尺寸	测量方法	中码
		单位：cm
后中长		63.8
胸围		96.8
腰围		94
下摆围		105.2
肩宽		41
袖长		58
袖口围	（扣合）	20
袖肥		32.5

图 15－4

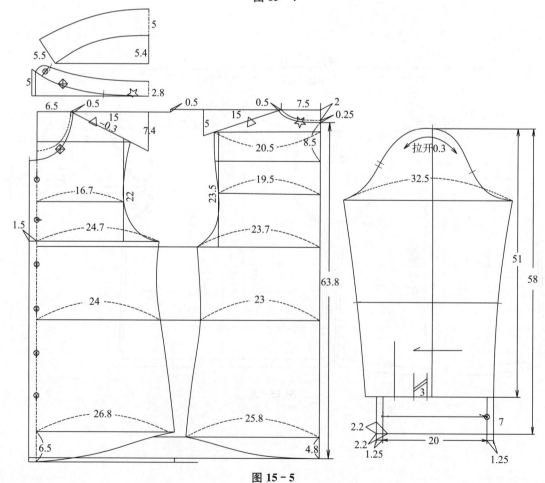

图 15－5

全部的裁片见图15-6。

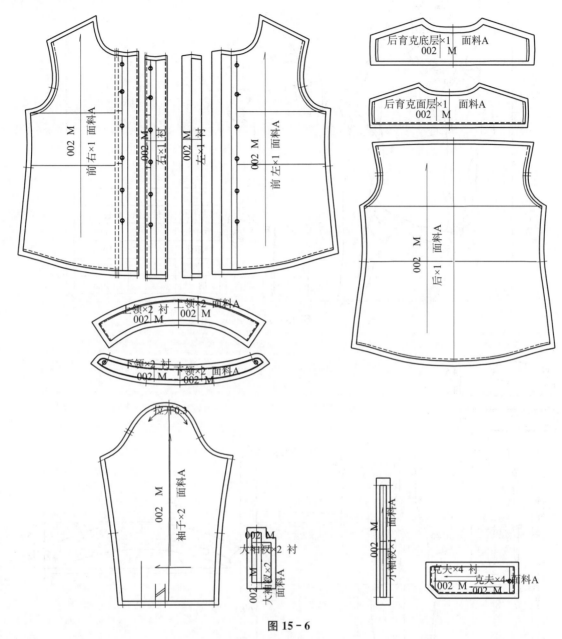

图15-6

第三节　连肩翻袖口衬衫

款式特征和绘图要领:此款为短袖衬衫,有左胸袋,圆下摆,连袖,袖口可翻转,见图15-7。

结构图见图15-8。

全部的裁片见图15-9。

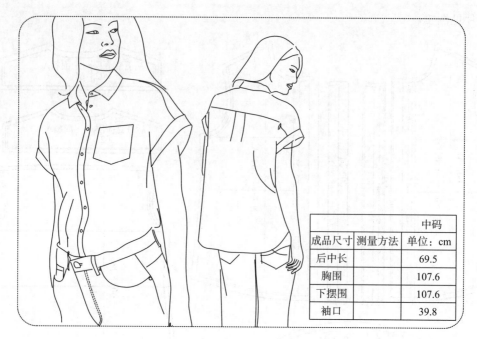

		中码
成品尺寸	测量方法	单位：cm
后中长		69.5
胸围		107.6
下摆围		107.6
袖口		39.8

图 15－7

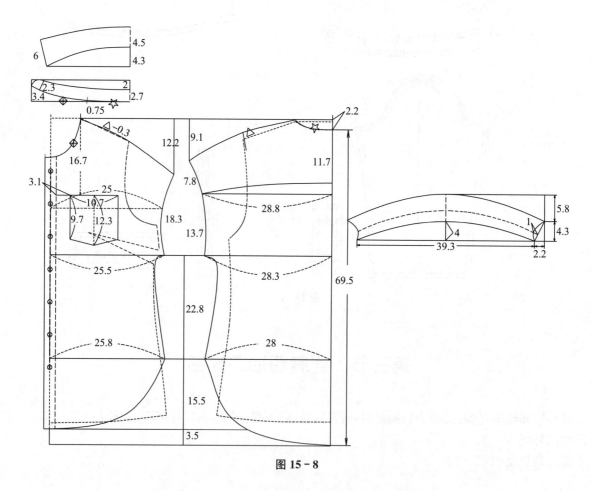

图 15－8

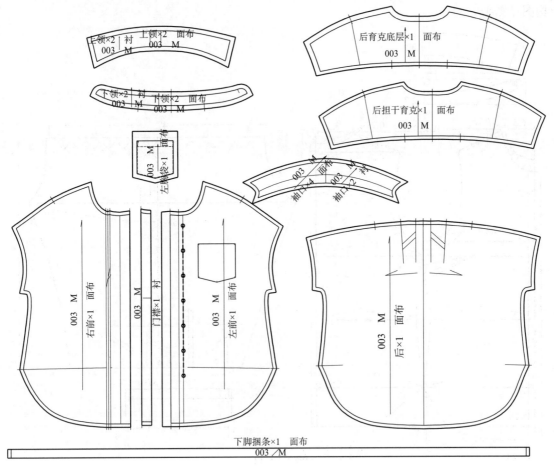

图 15 - 9

第四节　露肩上衣

款式特征和绘图要领:此款为露肩衬衫,暗门襟,后领下方有活褶,圆下摆,袖子上方收碎褶,见图15－10。

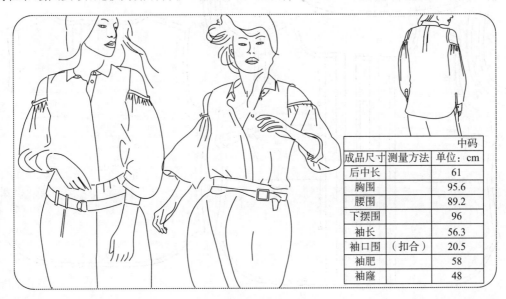

	中码
成品尺寸测量方法	单位：cm
后中长	61
胸围	95.6
腰围	89.2
下摆围	96
袖长	56.3
袖口围（扣合）	20.5
袖肥	58
袖隆	48

图 15 - 10

结构图见图 15－11。

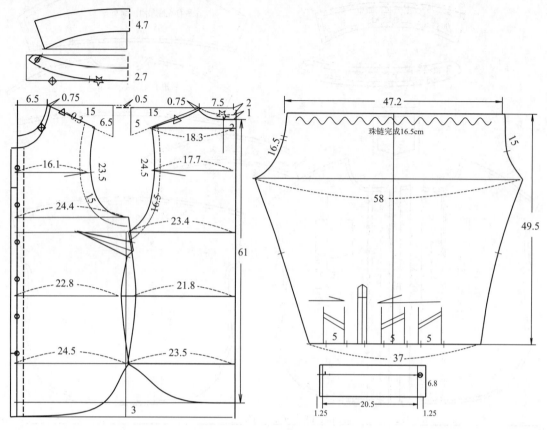

图 15－11

全部的裁片见图 15－12。

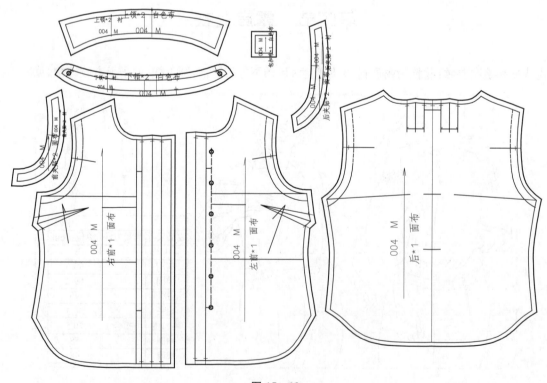

图 15－12

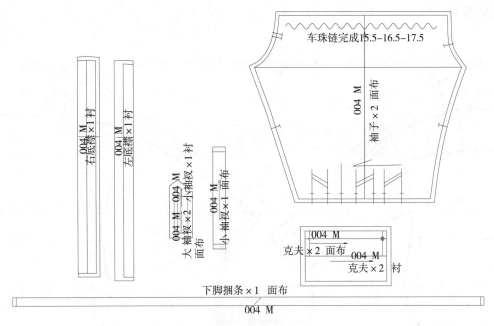

车珠链完成15.5–16.5–17.5

004 M 面布

袖子×2 面布

004 M
右底襟×1衬

004 M
左底襟×1衬

004 M－004 M
大袖衩×2 小袖衩×1衬
面布

004 M
小袖衩×1 面布

004 M
克夫×2 面布 004 M
克夫×2 衬

下脚捆条×1 面布
004 M

图 15－12(续)

第五节　露肩吊带衫

款式特征和绘图要领:此款肩上有吊带,圆形下摆,前后有育克,保健头袖衩,克夫比较宽,后中有一个"工"字褶,见图 15－13。

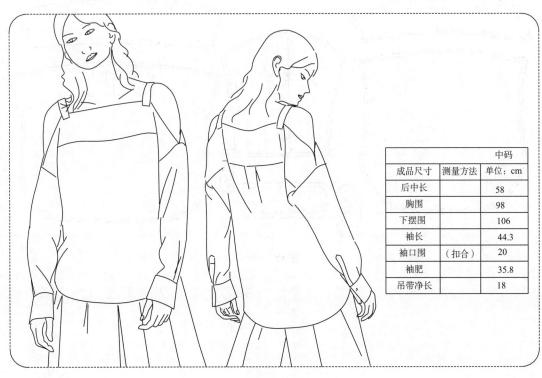

成品尺寸	测量方法	中码
		单位: cm
后中长		58
胸围		98
下摆围		106
袖长		44.3
袖口围	(扣合)	20
袖肥		35.8
吊带净长		18

图 15－13

结构图见图 15 - 14。

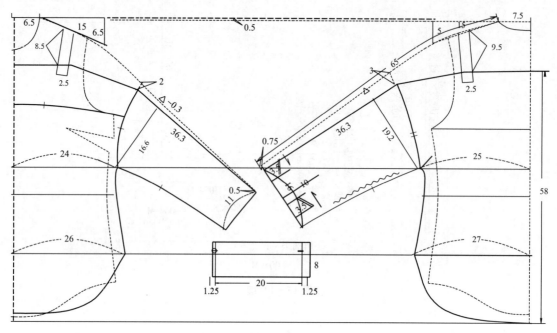

图 15 - 14

全部的裁片见图 15 - 15。

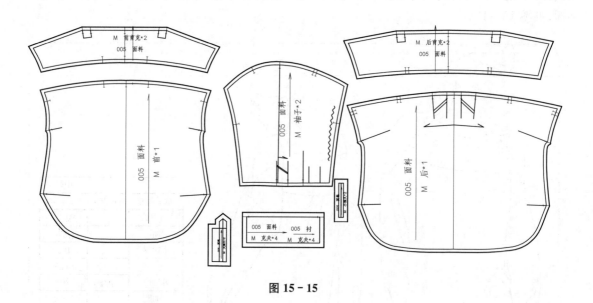

图 15 - 15

第六节　露肩条纹衬衫

款式特征和绘图要领：此款为露肩立领衬衫，袖子从袖中分开翻转，暗门襟，圆下摆，见图 15 - 16。
结构图见图 15 - 17。
全部的裁片见图 15 - 18。

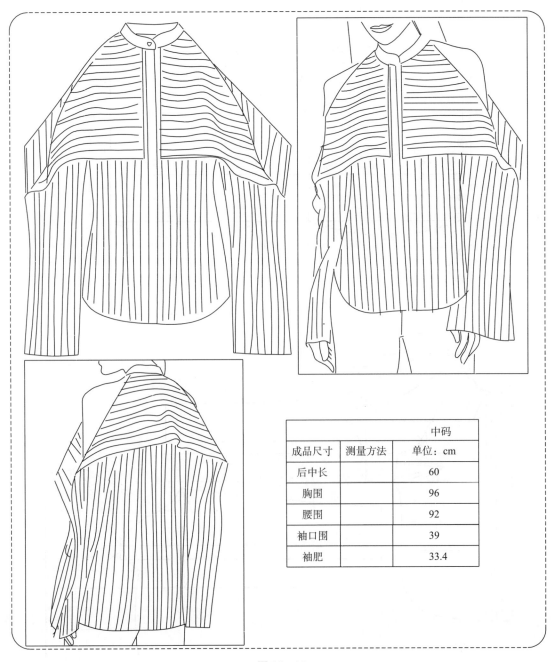

		中码
成品尺寸	测量方法	单位：cm
后中长		60
胸围		96
腰围		92
袖口围		39
袖肥		33.4

图 15 - 16

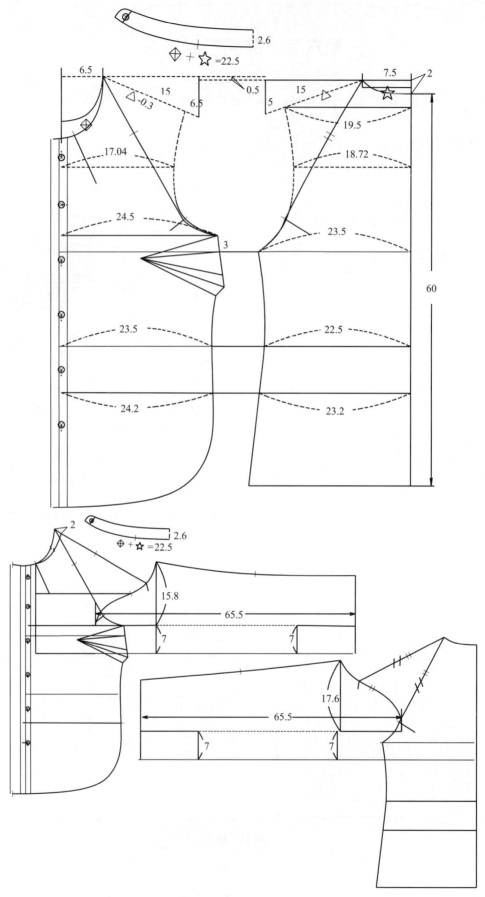

图 15-17

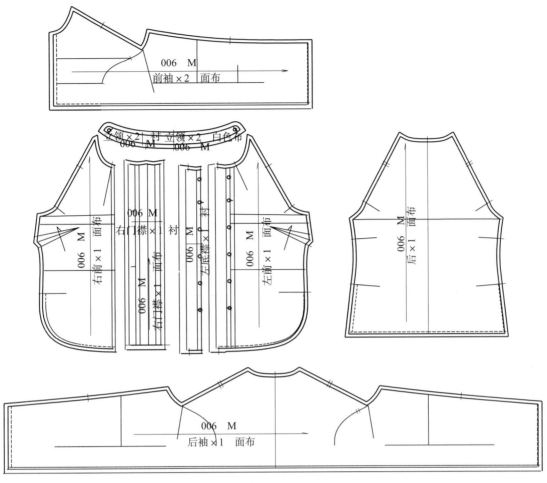

图 15 - 18

第七节　露肩印花上衣

款式特征和绘图要领:此款为真丝面料,有较多碎褶,上方有隧道穿橡筋,见图 15 - 19。

结构图见图 15 - 20。

全部的裁片见图 15 - 21。

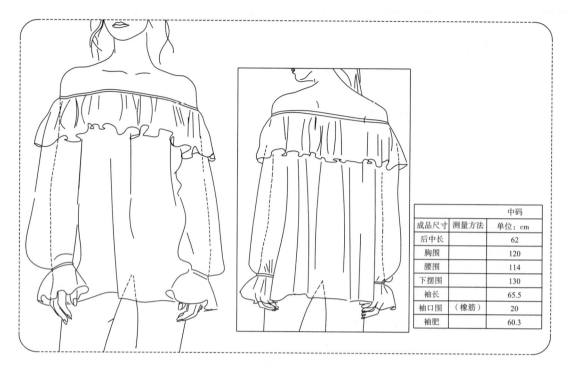

成品尺寸	测量方法	中码 单位：cm
后中长		62
胸围		120
腰围		114
下摆围		130
袖长		65.5
袖口围	（橡筋）	20
袖肥		60.3

图 15－19

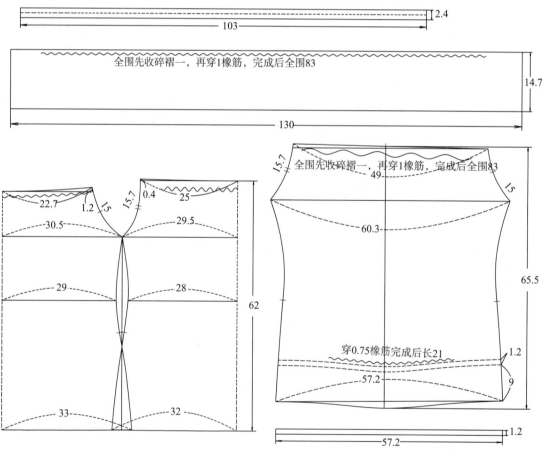

图 15－20

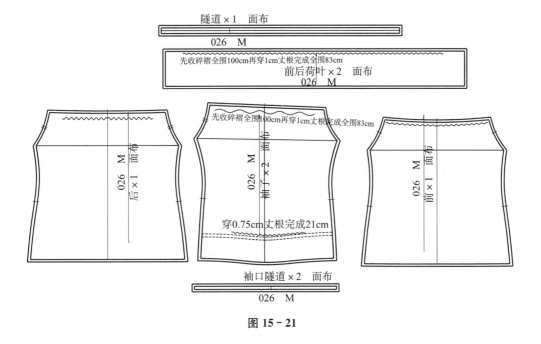

隧道×1　面布
026　M

先收碎褶全围100cm再穿1cm丈根完成全围83cm
前后荷叶×2　面布
026　M

026　M　后×1　面布

先收碎褶全围100cm再穿1cm丈根完成全围83cm
026　M　袖子×2　面布
穿0.75cm丈根完成21cm

026　M　前×1　面布

袖口隧道×2　面布
026　M

图 15－21

第八节　露肩荷叶上衣

款式特征和绘图要领：此款露肩，领圈处有双层荷叶，袖口处有单层荷叶，见图 15－22。

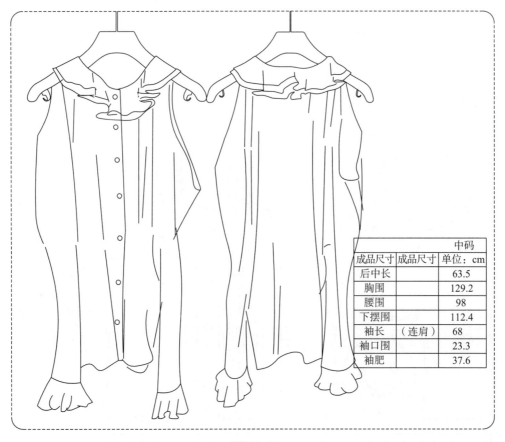

		中码
成品尺寸	成品尺寸	单位：cm
后中长		63.5
胸围		129.2
腰围		98
下摆围		112.4
袖长	（连肩）	68
袖口围		23.3
袖肥		37.6

图 15－22

结构图见图15-23。

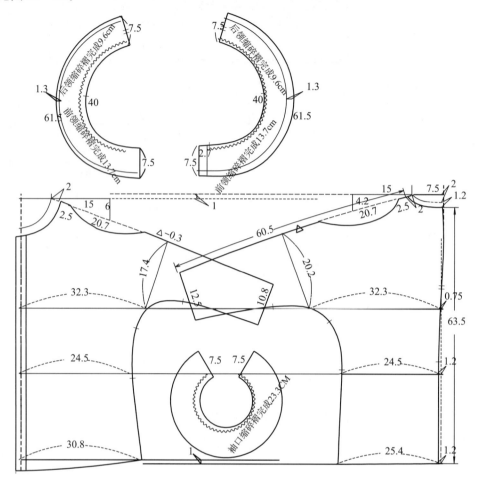

图 15-23

全部的裁片见图15-24。

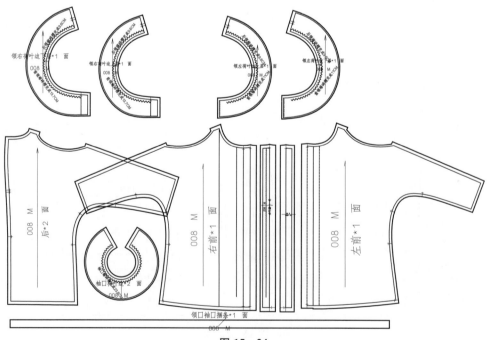

图 15-24

第九节　连袖上衣

款式特征和绘图要领：此款为连身短袖上衣，船形领圈，整体比较宽松，见图 15 - 25。

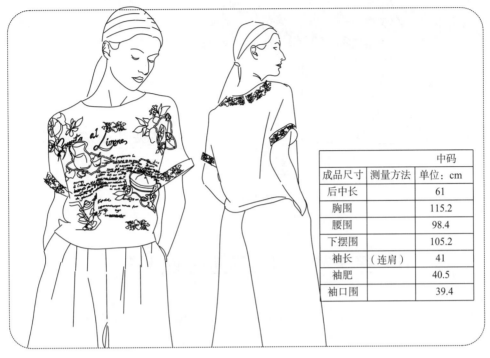

		中码
成品尺寸	测量方法	单位：cm
后中长		61
胸围		115.2
腰围		98.4
下摆围		105.2
袖长	（连肩）	41
袖肥		40.5
袖口围		39.4

图 15 - 25

结构图见图 15 - 26。

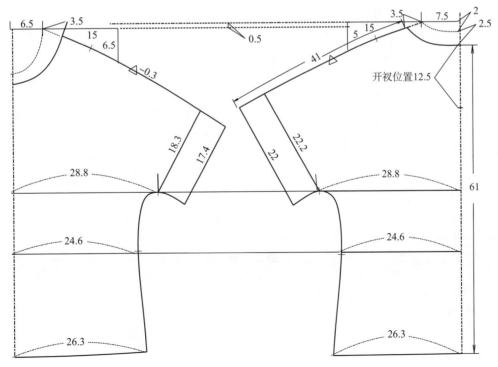

图 15 - 26

全部的裁片见图 15－27。

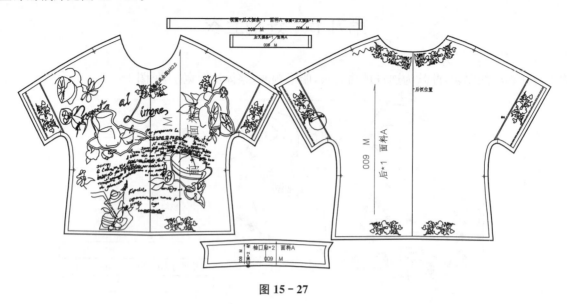

图 15－27

第十节　飘带领插肩袖衬衫

款式特征和绘图要领：此款为插肩袖结构，领子为飘带领，整体比较宽松，见图 15－28。

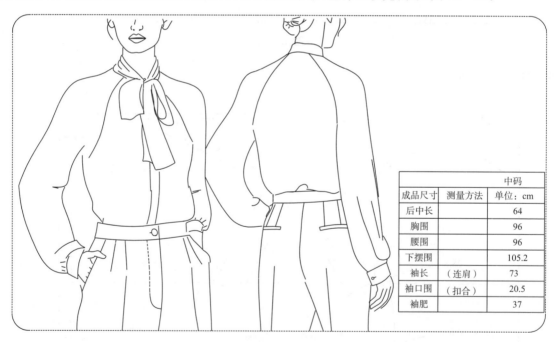

		中码
成品尺寸	测量方法	单位：cm
后中长		64
胸围		96
腰围		96
下摆围		105.2
袖长	（连肩）	73
袖口围	（扣合）	20.5
袖肥		37

图 15－28

结构图见图 15－29。

全部的裁片见图 15－30。

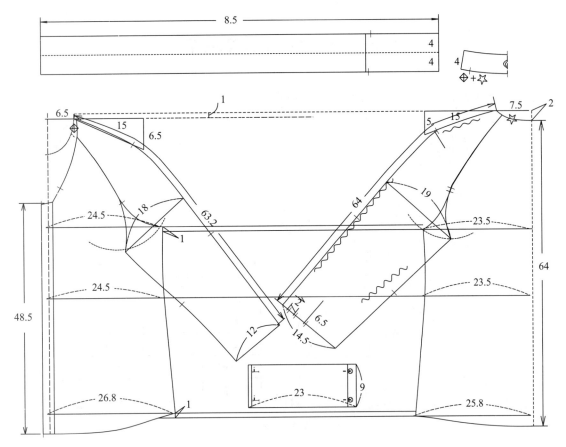

图 15－29

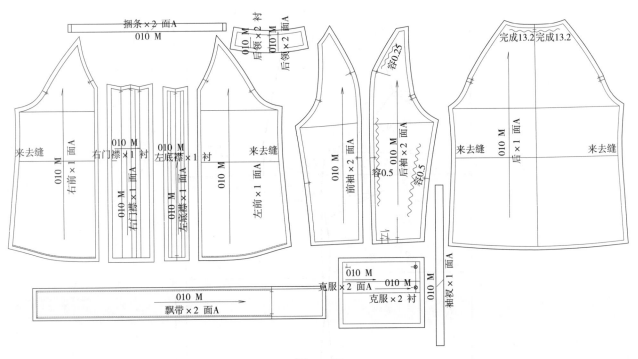

图 15－30

第十一节　弹力斜纹吊带衫

款式特征和绘图要领:此款衣身纱向为斜纹,有胸省,见图 15 - 31。

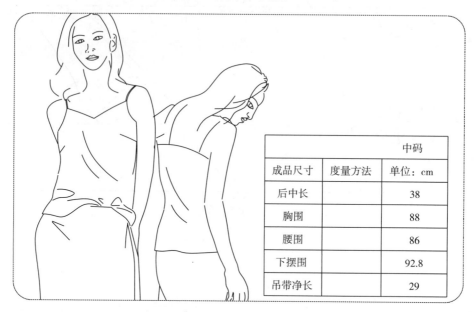

成品尺寸	度量方法	中码
		单位：cm
后中长		38
胸围		88
腰围		86
下摆围		92.8
吊带净长		29

图 15 - 31

结构图见图 15 - 32。

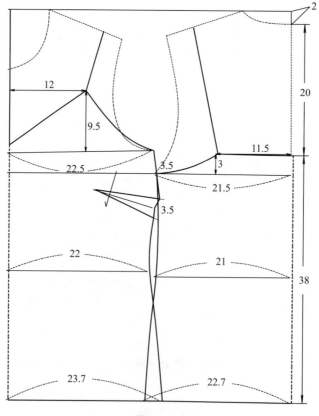

图 15 - 32

全部的裁片见图 15-33。

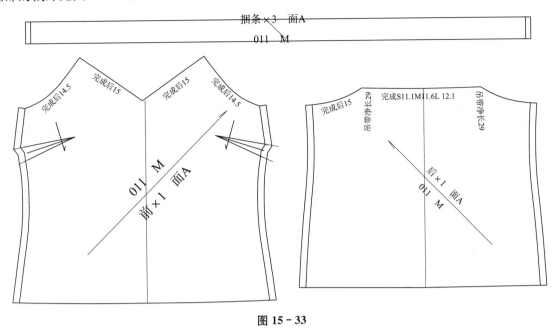

图 15-33

第十二节　通天缝西装

款式特征和绘图要领:此款为合体型西装,通天缝结构,双排扣,戗驳领,袖口开衩,见图 15-34。

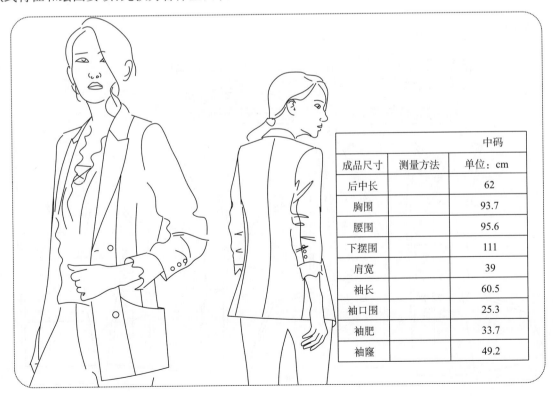

	中码	
成品尺寸	测量方法	单位:cm
后中长		62
胸围		93.7
腰围		95.6
下摆围		111
肩宽		39
袖长		60.5
袖口围		25.3
袖肥		33.7
袖窿		49.2

图 15-34

结构图见图 15－35。

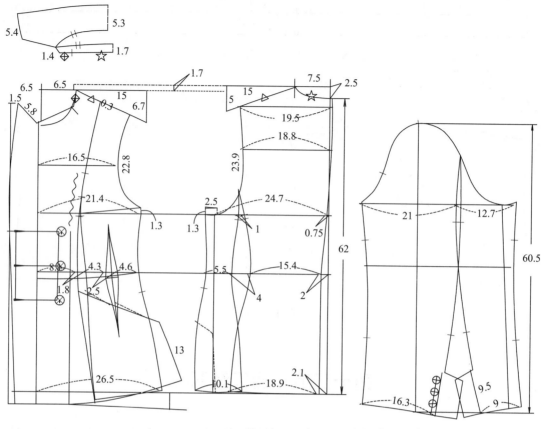

图 15－35

全部的裁片见图 15－36、图 15－37。

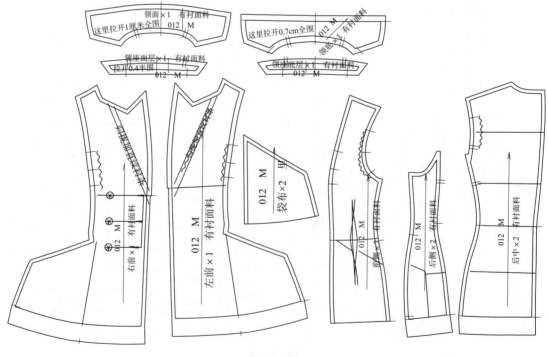

图 15－36

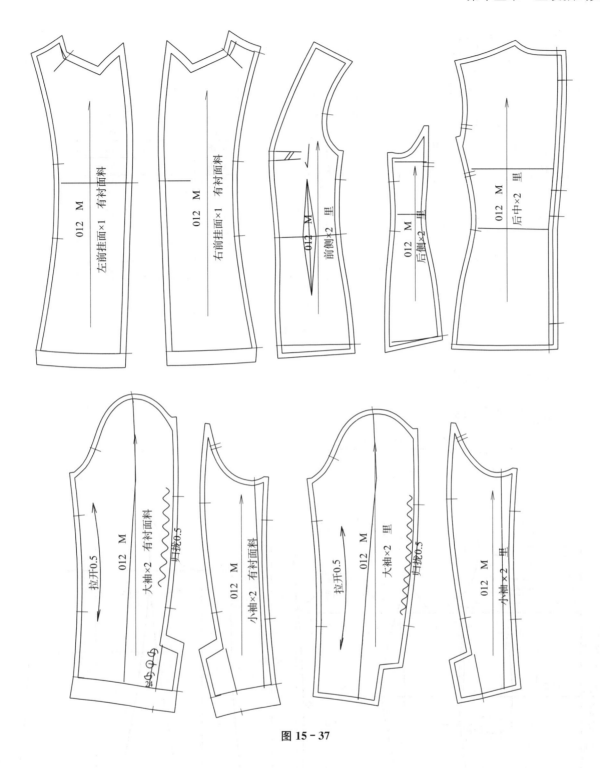

图 15－37

第十三节 丝绒西装

款式特征和绘图要领:此款为单排扣三开身西装,平驳头,有左胸袋,后摆两侧开衩,见图 15－38。

结构图见图 15－39。

全部的裁片见图 15－40。

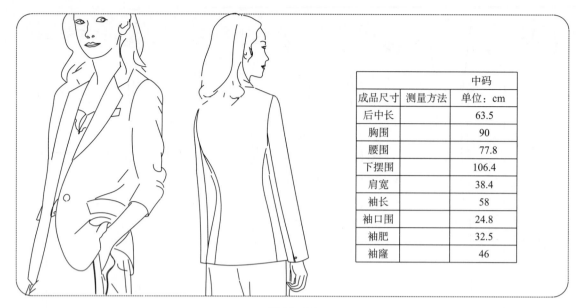

成品尺寸	测量方法	中码 单位：cm
后中长		63.5
胸围		90
腰围		77.8
下摆围		106.4
肩宽		38.4
袖长		58
袖口围		24.8
袖肥		32.5
袖隆		46

图 15－38

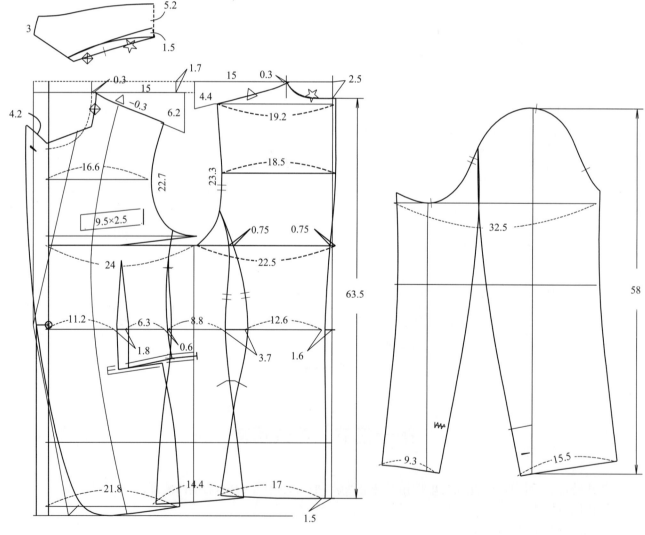

图 15－39

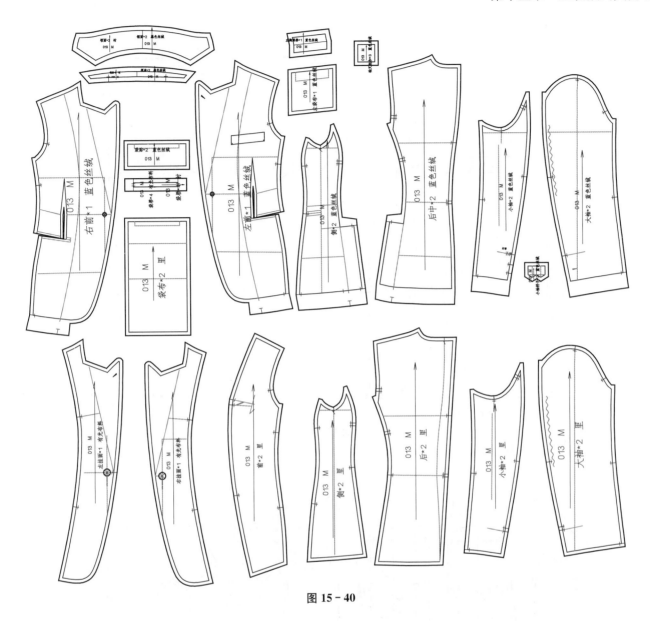

图 15－40

第十四节　袖底插片短上衣

款式特征和绘图要领：此款为短袖小上衣，双排扣，领横接近肩宽，领圈加衬条固定长度，见图15－41。

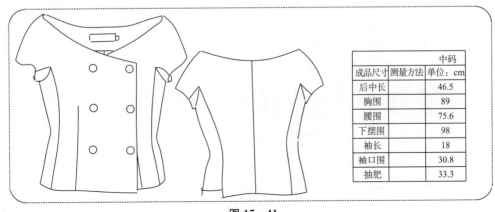

成品尺寸	测量方法	中码 单位：cm
后中长		46.5
胸围		89
腰围		75.6
下摆围		98
袖长		18
袖口围		30.8
抽肥		33.3

图 15－41

结构图见图 15 - 42。

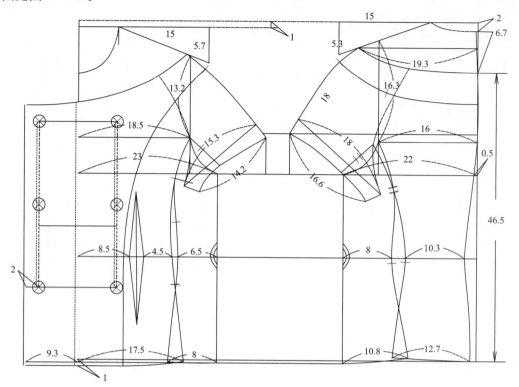

图 15 - 42

全部的裁片见图 15 - 43。

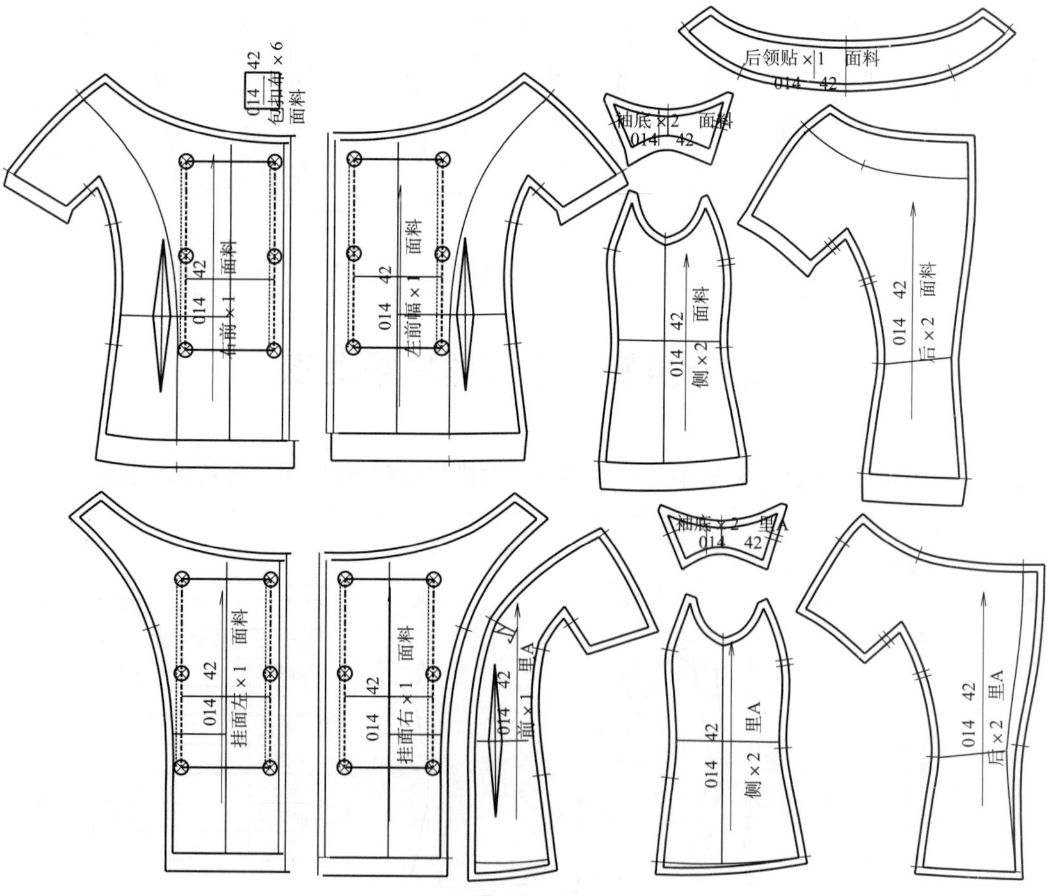

图 15 - 43

第十五节 袖山收省连衣裙

款式特征和绘图要领:此款外贴水溶花后中装隐形拉链,袖山有省道,见图15-44。水溶花边是刺绣花边中的一大类,它以水溶性非织造布为底布,用黏胶长丝作绣花线,通过电脑刺绣机将花绣在底布上,再经热水处理使水溶性非织造底布溶化,留下有立体感的花,见图15-45。

	中码		
成品尺寸	测量方法	单位:cm	
后中长		85.5	
胸围		92	
腰围		70.4	
下摆		111.2	
肩宽		37	
袖长		48.5	
袖口		25	
袖肥		32	
袖隆		44.5	

图 15-44

图 15-45

结构图见图15-46。

全部的裁片见图15-47。

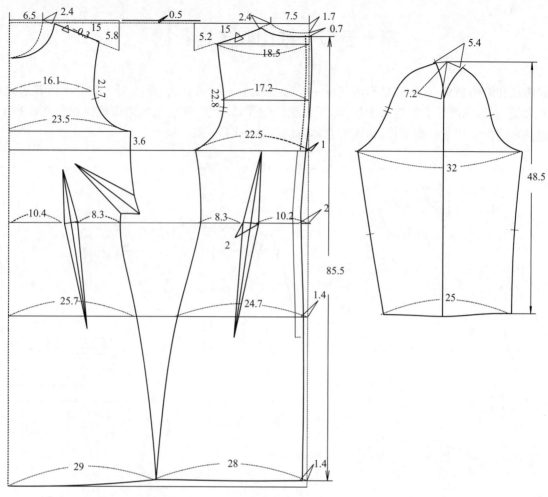

图 15 - 46

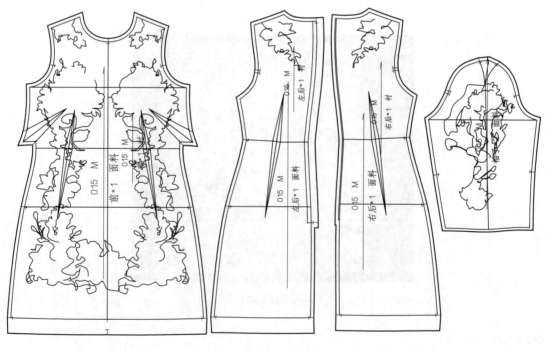

图 15 - 47①

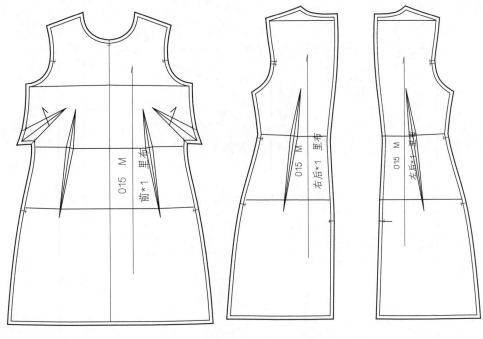

图 15－47②

第十六节　连领连袖长外套

款式特征和绘图要领：此款领子、袖子和衣身都是整体的，前中有剖缝，后中装隐形拉链，后下摆开衩，见图 15－48。

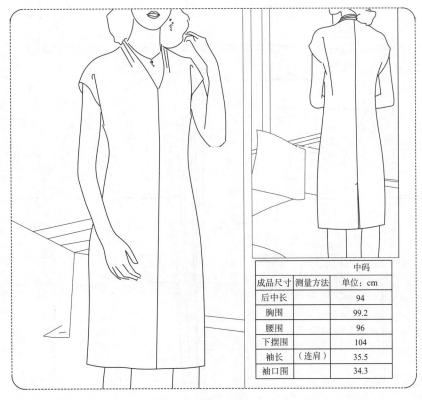

成品尺寸	测量方法	中码
		单位：cm
后中长		94
胸围		99.2
腰围		96
下摆围		104
袖长	（连肩）	35.5
袖口围		34.3

图 15－48

结构图见图 15-49。

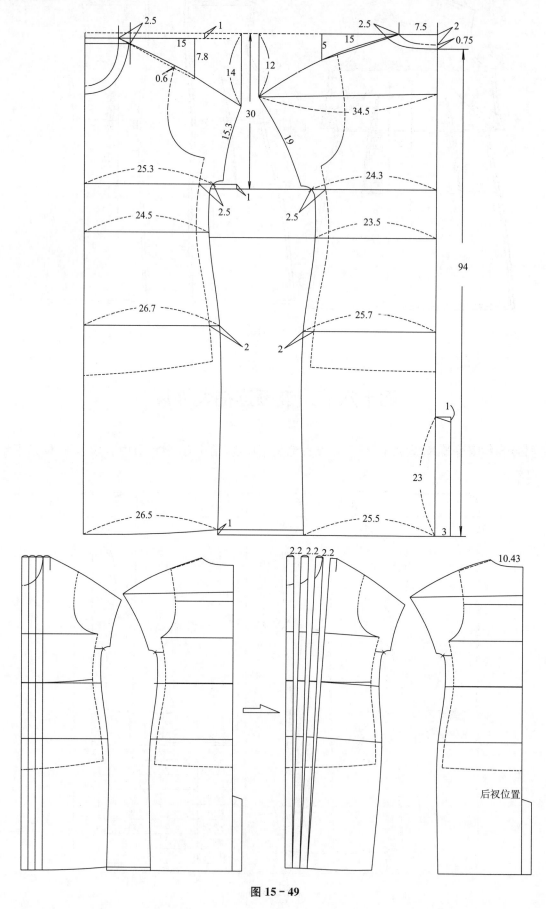

图 15-49

全部的裁片见图 15 - 50。

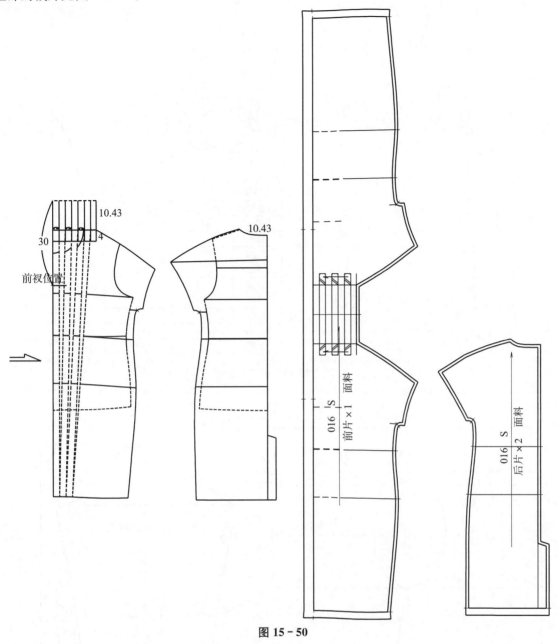

图 15 - 50

第十七节　V 形领 T 恤

款式特征和绘图要领:此款为稍宽松型短袖上衣,V 形领,见图 15 - 51。

结构图见图 15 - 52。

宽松针织衫后腰拉开的处理:

此款针织衫胸围 92cm,标准人台的净胸围尺寸为 84,有 8cm 的放松量,是宽松类型针织衫。绘制宽松类型针织衫和卫衣结构图时,需要有意把后片改短,前片加长,使前后侧缝有 1cm 的差数,在缝制的时候,利用针织布有弹性的特点,把后腰部位稍拉开再拼合,这种处理方法可以使后腰多布的现象有所减少,见图 15 - 53。

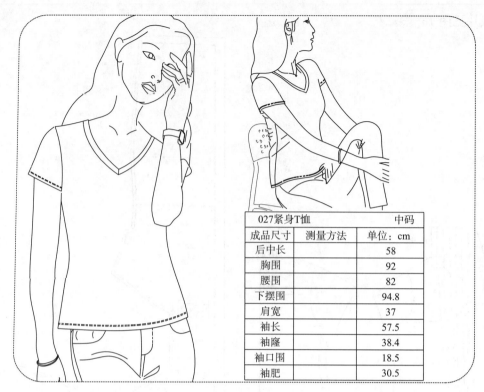

027紧身T恤		中码
成品尺寸	测量方法	单位：cm
后中长		58
胸围		92
腰围		82
下摆围		94.8
肩宽		37
袖长		57.5
袖隆		38.4
袖口围		18.5
袖肥		30.5

图 15－51

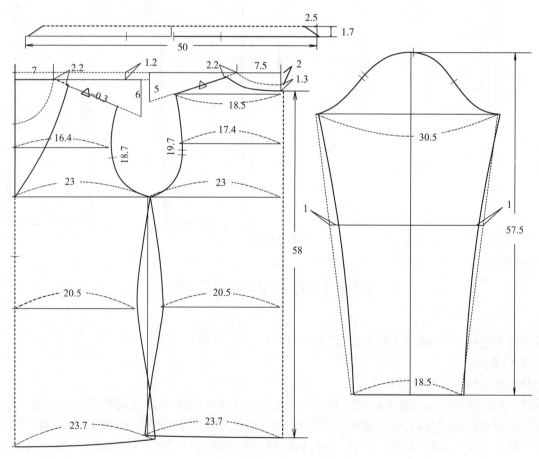

图 15－52

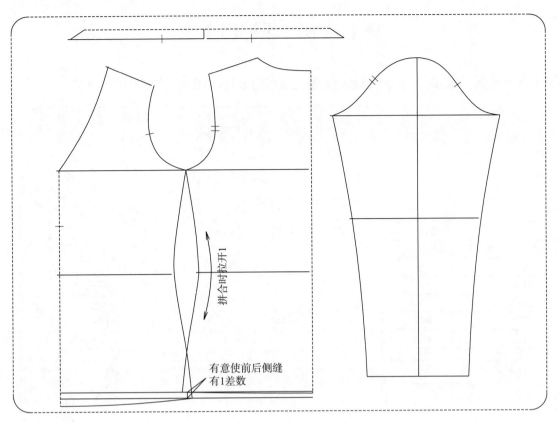

图 15－53

全部的裁片见图 15－54。

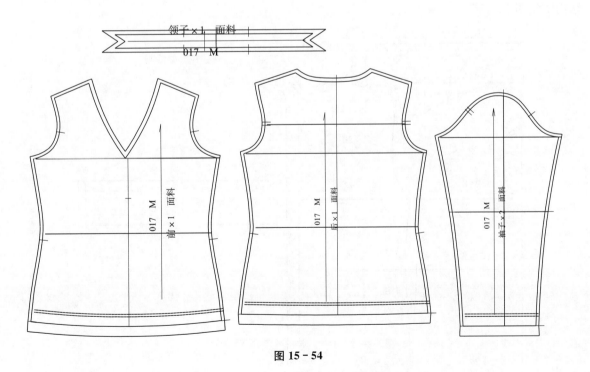

图 15－54

第十八节 翻袖口T恤

款式特征和绘图要领:此款为宽松T恤,袖子是双层的,对折然后再外翻,见图15-55。

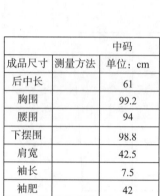

	中码	
成品尺寸	测量方法	单位：cm
后中长		61
胸围		99.2
腰围		94
下摆围		98.8
肩宽		42.5
袖长		7.5
袖肥		42

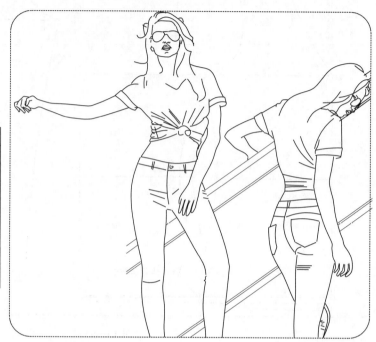

图 15-55

结构图见图15-56。

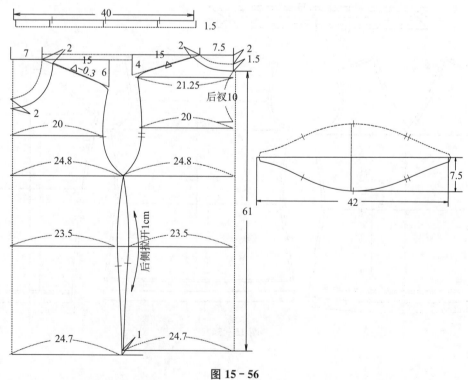

图 15-56

全部的裁片见图 15-57。

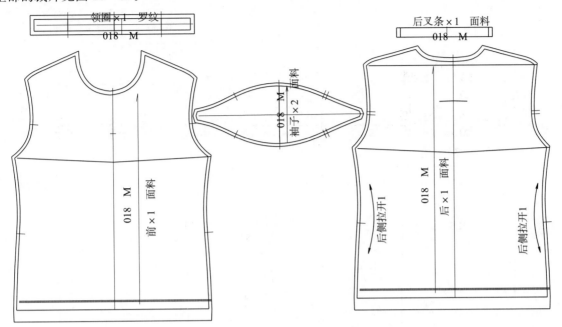

图 15-57

第十九节 针织套头衫

款式特征和绘图要领：此款针织衫面料比较薄，面料弹性比较大，前后的形状是一样的，领子朝里面翻折，在肩缝处固定，见图 15-58。

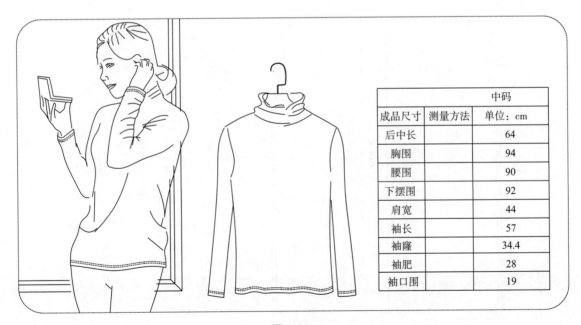

成品尺寸	测量方法	中码 单位：cm
后中长		64
胸围		94
腰围		90
下摆围		92
肩宽		44
袖长		57
袖窿		34.4
袖肥		28
袖口围		19

图 15-58

结构图见图 15-59。

全部的裁片见图 15-60。

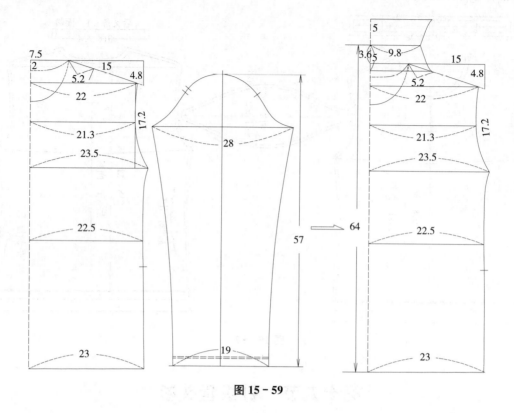

图 15－59

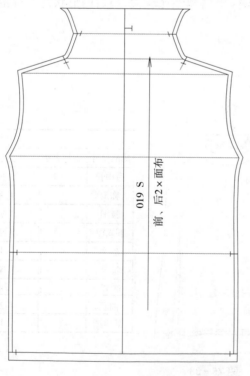

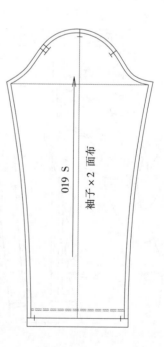

图 15－60

第二十节　圆领卫衣

款式特征和绘图要领：此款整体比较宽松，领子、袖口和下摆为配色罗纹，见图15-61。

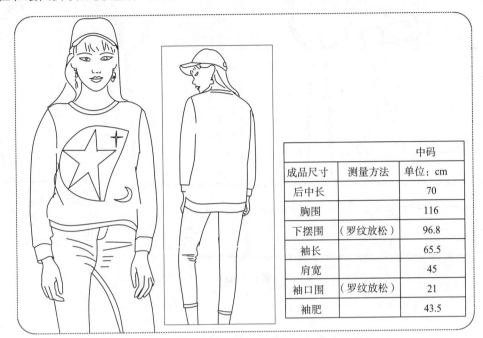

	中码	
成品尺寸	测量方法	单位：cm
后中长		70
胸围		116
下摆围	（罗纹放松）	96.8
袖长		65.5
肩宽		45
袖口围	（罗纹放松）	21
袖肥		43.5

图 15-61

结构图见图15-62。

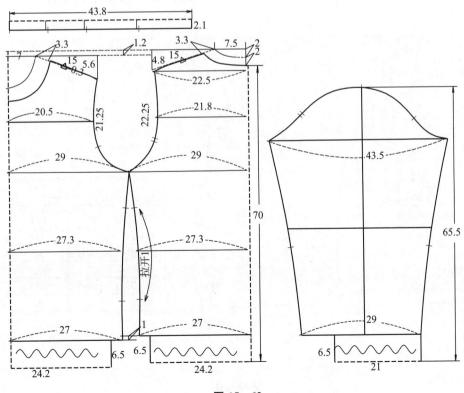

图 15-62

全部的裁片见图15-63。

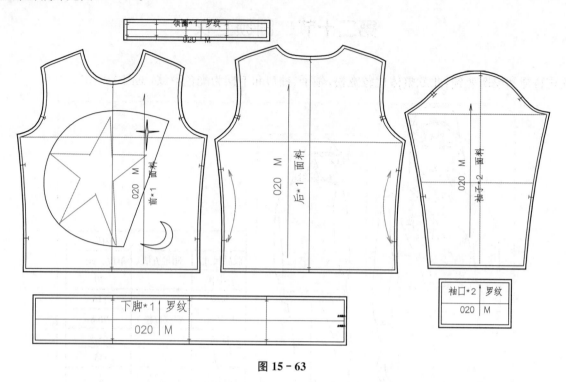

图 15-63

第二十一节　有帽插肩卫衣

款式特征和绘图要领：此款为宽松型卫衣，帽子打鸡眼处需要加衬，穿绳的长度为125～135cm，帽子比较大，见图15-64。

成品尺寸	测量方法	单位：cm	中码
后中长			65.3
胸围			116
下摆围	（罗纹放松）		90
袖长	（连肩）		64.7
袖口围	（罗纹放松）		19.5
袖肥			41

图 15-64

结构图见图 15-65。

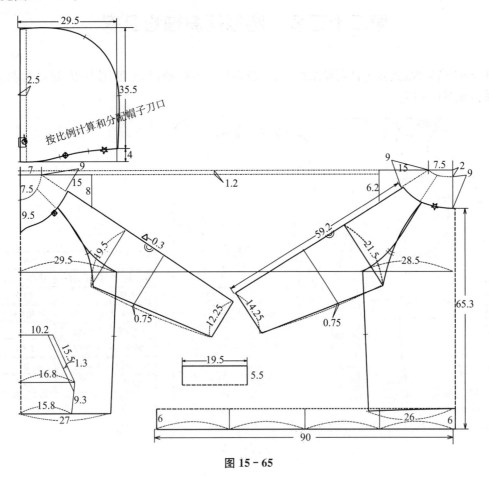

图 15-65

全部的裁片见图 15-66。

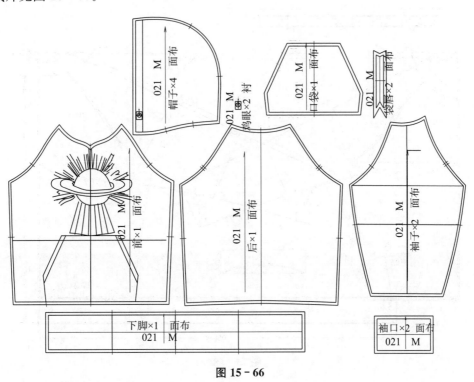

图 15-66

第二十二节　圆领插肩袖短卫衣

款式特征和绘图要领：此款为插肩袖结构，袖子特别长，领圈、袖口、下摆用本布，就是和衣身相同的布，纱向是斜纹的，见图15－67。

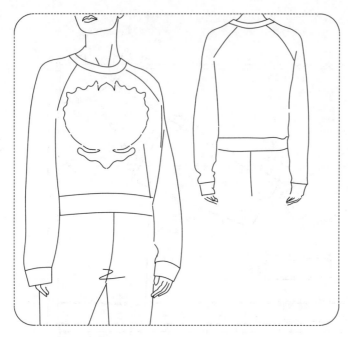

		中码
成品尺寸	测量方法	单位：cm
后中长		57.7
胸围		108.8
下摆围	（放松）	86
袖长	（连肩）	69.3
袖口围	（放松）	20
袖肥		39.5

图 15 - 67

结构图见图 15－68。

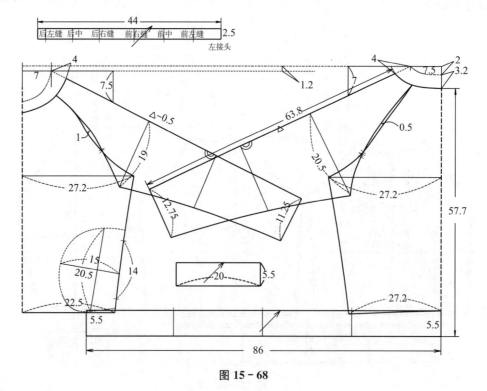

图 15 - 68

全部的裁片见图 15-69。

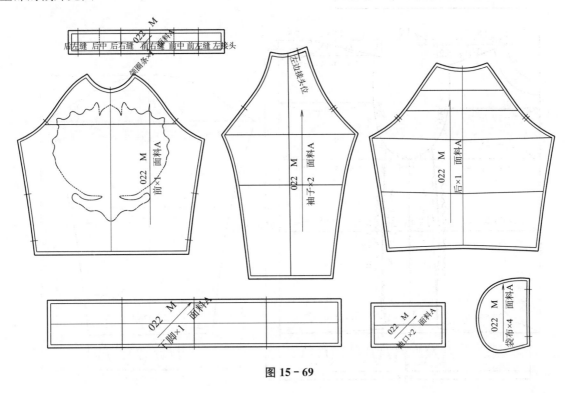

图 15-69

第二十三节 三开身卫衣

款式特征和绘图要领：此款为宽松型，前片有绣花，领子、袖口和下摆为配色的罗纹布，见图 15-70。

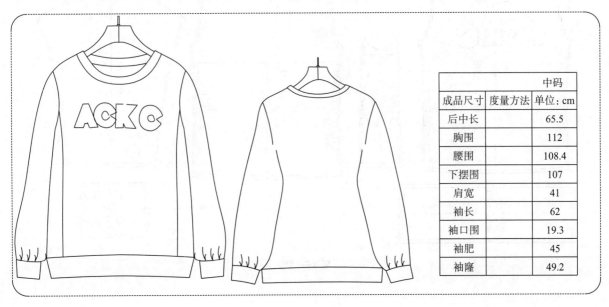

成品尺寸	度量方法 单位：cm	中码
后中长		65.5
胸围		112
腰围		108.4
下摆围		107
肩宽		41
袖长		62
袖口围		19.3
袖肥		45
袖窿		49.2

图 15-70

结构图见图 15-71。

全部的裁片见图 15-72。

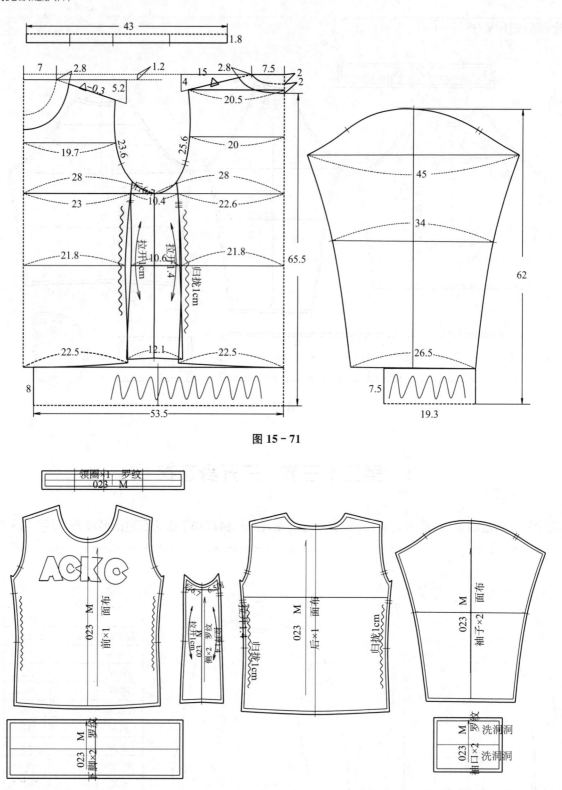

图 15－71

图 15－72

第二十四款　连袖有帽、有袋卫衣

款式特征和绘图要领：此款为宽松型，后中拱起，帽子和下摆打眼穿绳，见图 15－73。

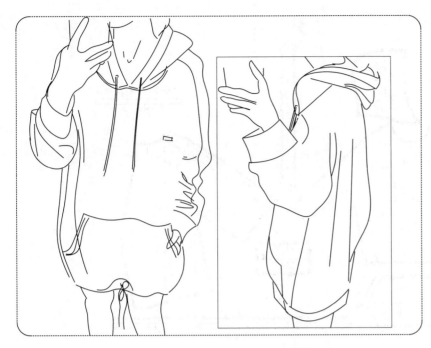

成品尺寸	测量方法	中码
		单位：cm
后中长		79
胸围		130
下摆围		118
袖长		71.5
袖口围	（罗纹放松）	25
袖肥		41.6

图 15－73

结构图见图 15－74。

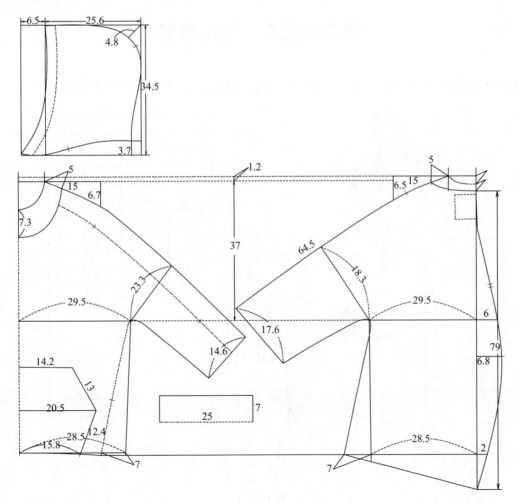

图 15－74

全部的裁片见图 15-75。

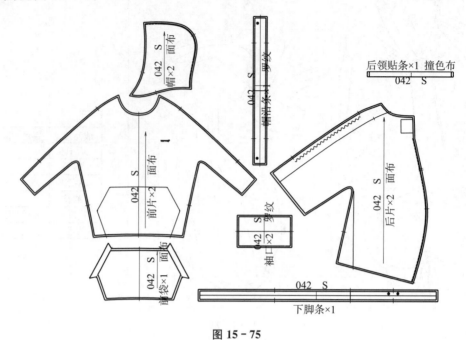

后领贴条×1 撞色布
042　S

042　S　面布
帽×2

042　S　帽滚条×1

042　S　面布
前片×2

042　S　面布
后片×2

042　S　袖口×2　罗纹

042　S　面布
前袋×1

042　S
下脚条×1

图 15-75

第二十五节　绣花睡袍

款式特征和绘图要领：此款前后片有绣花，领子和门襟连接，无钮扣，有腰带，见图 15-76。

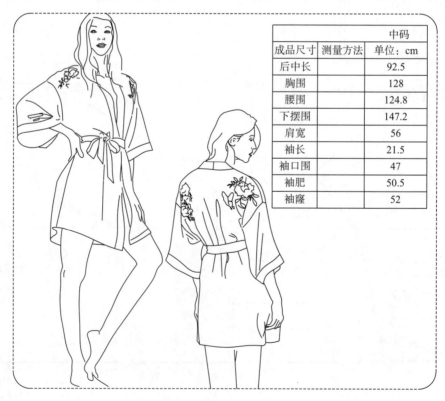

成品尺寸	测量方法	中码 单位：cm
后中长		92.5
胸围		128
腰围		124.8
下摆围		147.2
肩宽		56
袖长		21.5
袖口围		47
袖肥		50.5
袖窿		52

图 15-76

结构图见图 15 – 77。

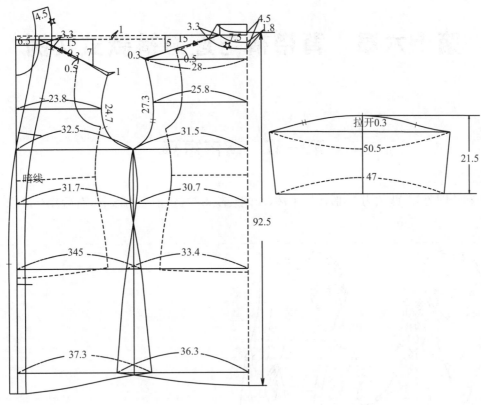

图 15 – 77

全部的裁片见图 15 – 78。

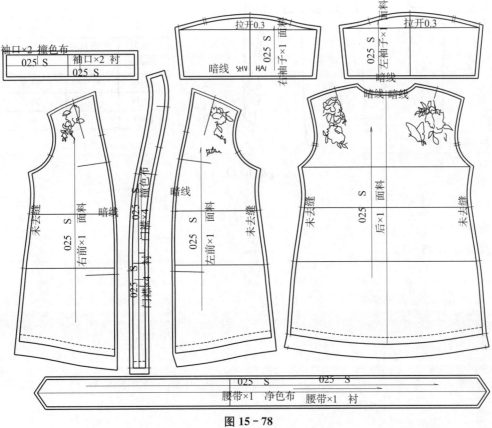

图 15 – 78

第十六章　背带裤与连身裤款式实例

第一节　背带短裤

款式特征和绘图要领:此款为 V 形背带短裤,左侧装隐形拉链,前后有腰省,右后片有口袋,见图 16-1。

部位	测量方法	中码 单位：cm
外侧长		48.5
腰围		81.5
臀围		98.2
脚口		66

图 16-1

结构图见图 16-2。
全部的裁片见图 16-3。

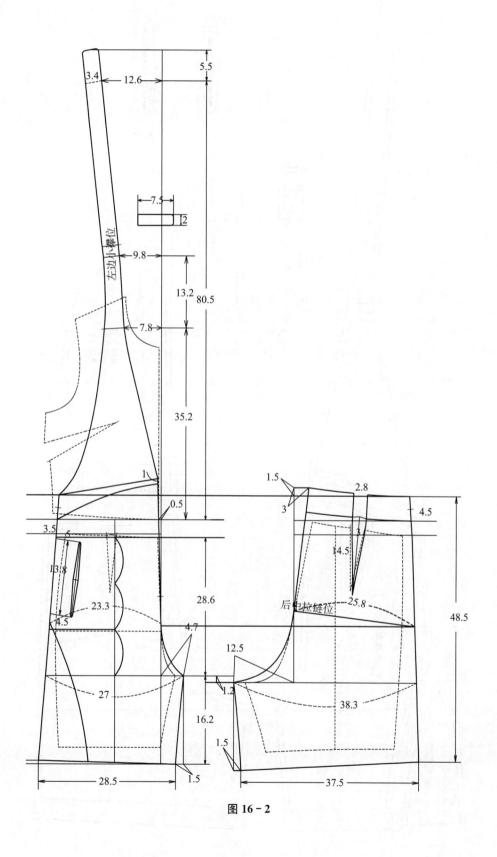

图 16 - 2

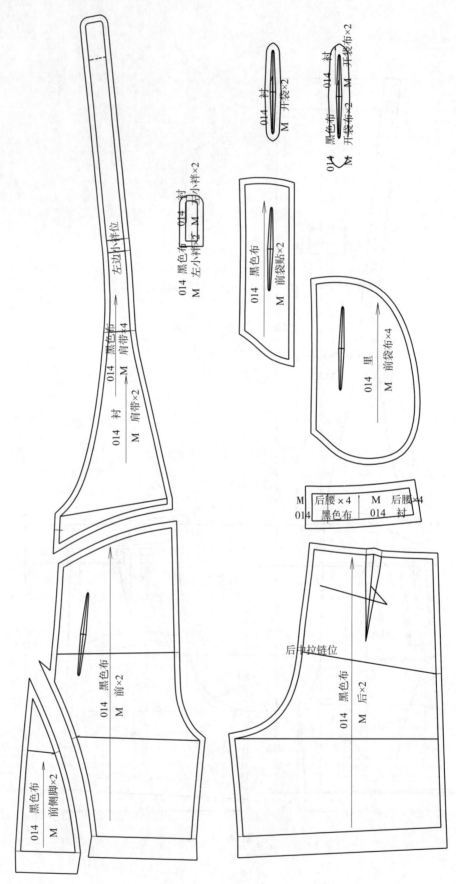

图 16-3

第二节　背带长裤

款式特征和绘图要领：此款左侧装隐形拉链，前片有袋，后片无袋，前背带 V 形，后背带 U 形，见图
16 - 4。

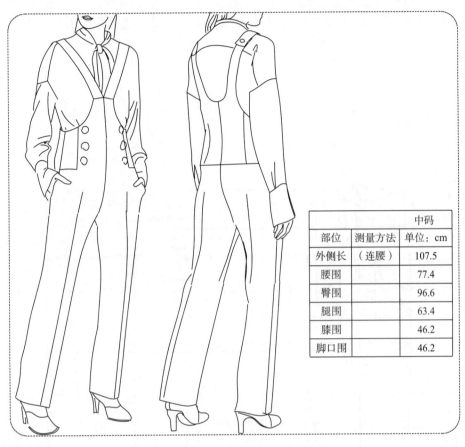

		中码
部位	测量方法	单位：cm
外侧长	（连腰）	107.5
腰围		77.4
臀围		96.6
腿围		63.4
膝围		46.2
脚口围		46.2

图 16 - 4

结构图见图 16 - 5。

全部的裁片见图 16 - 6。

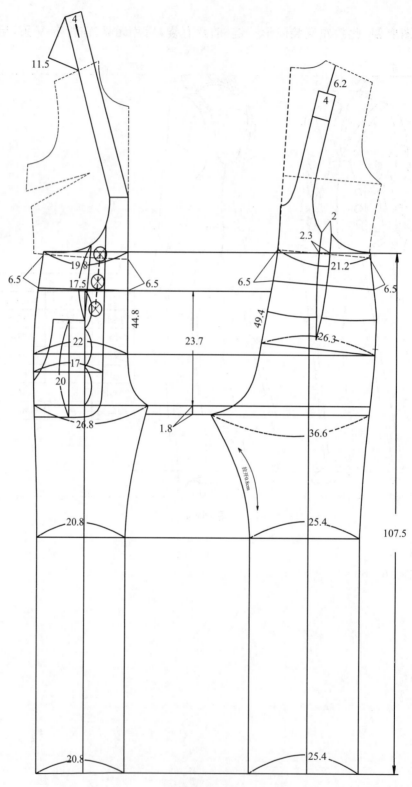

图 16－5

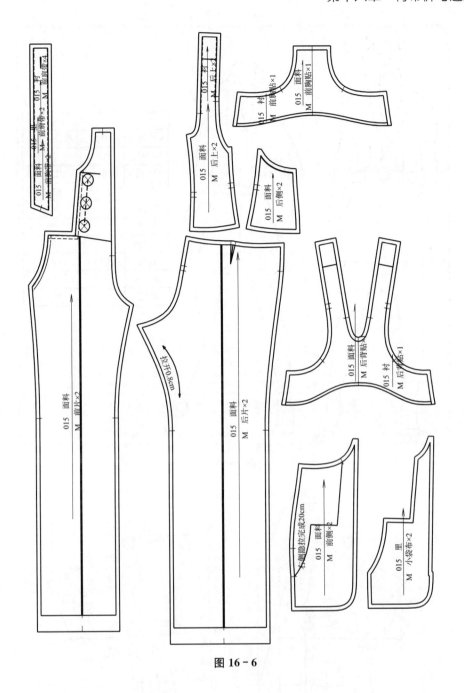

图 16 - 6

第三节　连身短裤

款式特征和绘图要领:此款青果领,短袖,前腰有腰襻,穿腰带,左侧装隐形拉链,见图 16 - 7。

结构图见图 16 - 8。

全部的裁片见图 16 - 9。

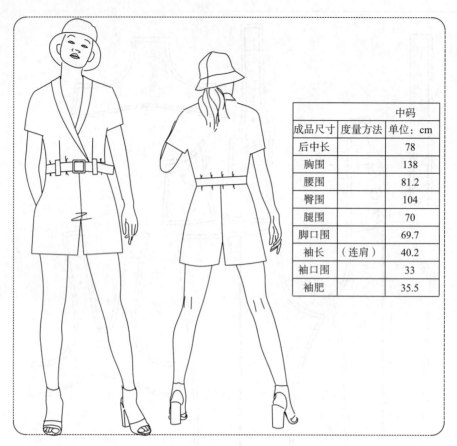

		中码
成品尺寸	度量方法	单位：cm
后中长		78
胸围		138
腰围		81.2
臀围		104
腿围		70
脚口围		69.7
袖长	（连肩）	40.2
袖口围		33
袖肥		35.5

图 16 - 7

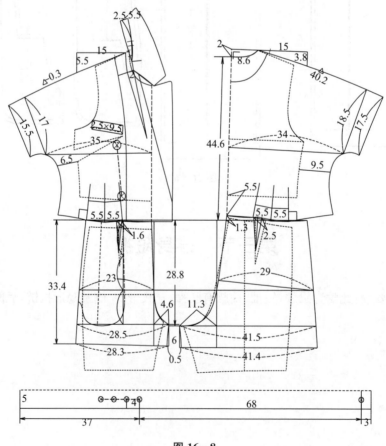

图 16 - 8

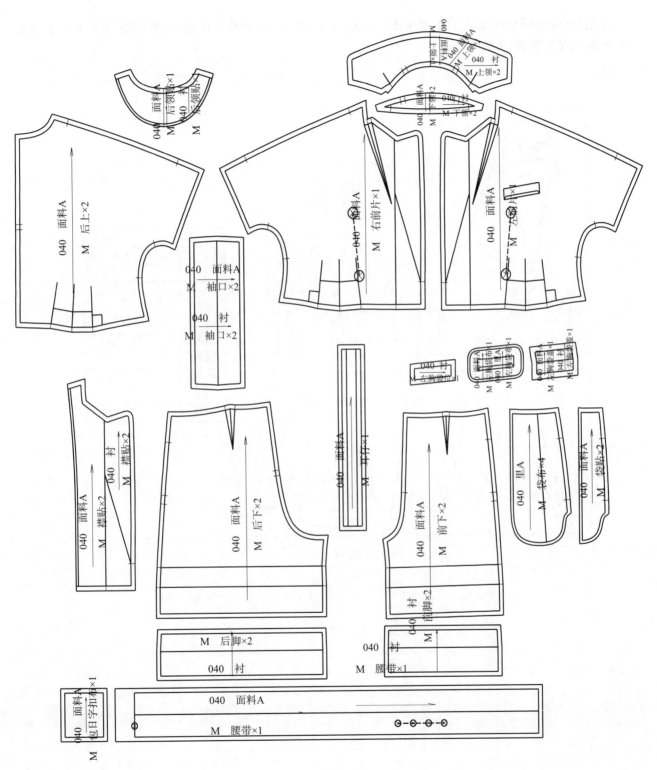

图 16－9

第四节　青果领连身长裤

款式特征和绘图要领：此款青果领连身长裤无袖，有左胸袋，前裤片有活褶，前斜插袋，后裤片左右各有一个口袋，后腰穿橡筋，见图16-10。

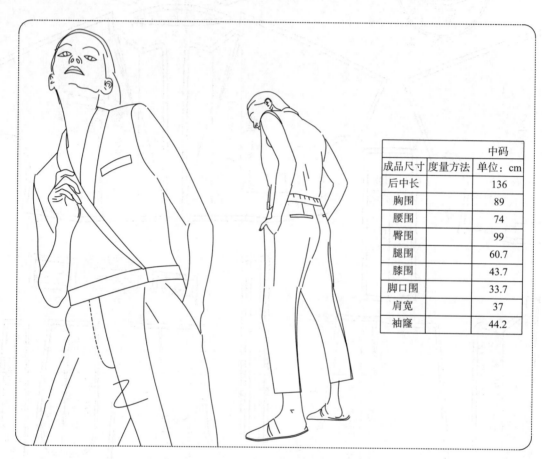

成品尺寸	度量方法	中码
		单位：cm
后中长		136
胸围		89
腰围		74
臀围		99
腿围		60.7
膝围		43.7
脚口围		33.7
肩宽		37
袖隆		44.2

图 16 - 10

结构图见图 16 - 11。

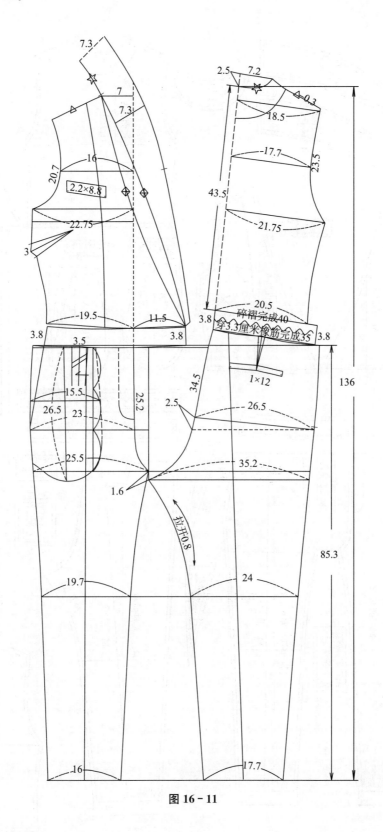

图 16 - 11

全部的裁片见图 16－12。

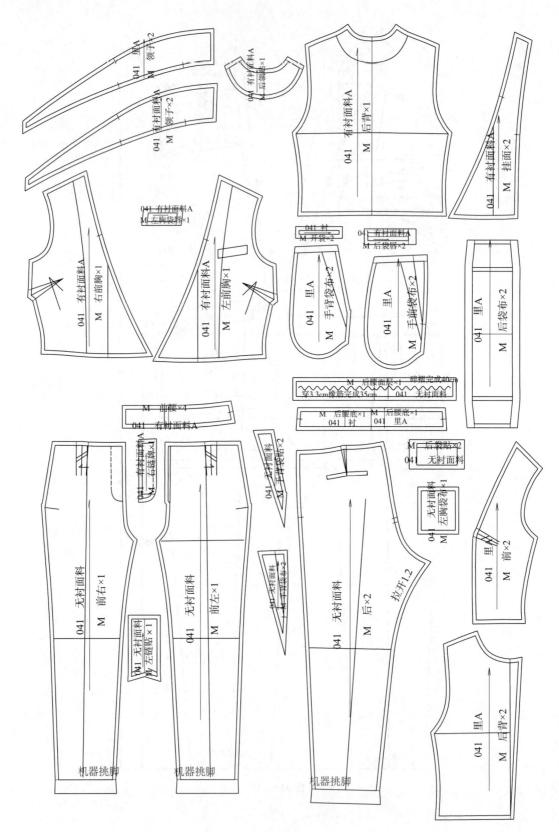

图 16－12

第五节 丝绒连身长裤

款式特征和绘图要领：此款采用丝绒面料，逆毛裁剪，前领圈呈 U 形，左侧装隐形拉链，后右裤片有一个单唇袋，裤脚可卷起来，见图 16 - 13。

		中码
成品尺寸	度量方法	单位：cm
外侧长	（连腰）	93.5
腰围		82.6
臀围		96.2
腿围		60.4
膝围		40.6
脚口围		32.2

图 16 - 13

结构图见图 16－14。

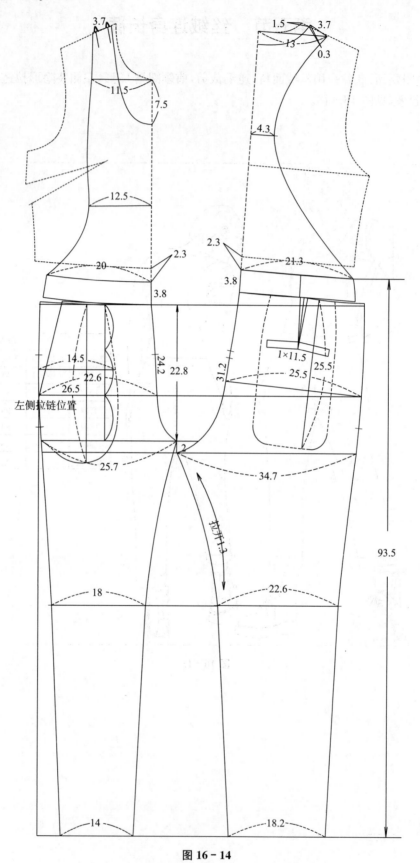

图 16－14

全部的裁片见图 16 – 15。

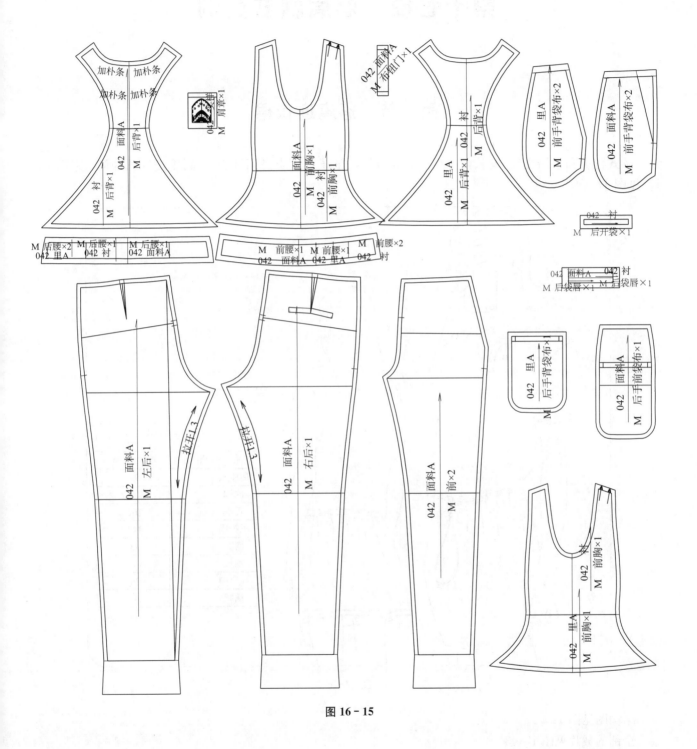

图 16 – 15

第十七章　落肩款式实例

第一节　落肩连衣裙

　　款式特征和绘图要领：此款前片用真丝布，后片、袖子和下半身用针织布，臀围处穿圆橡筋，领圈用罗纹，见图 17-1。

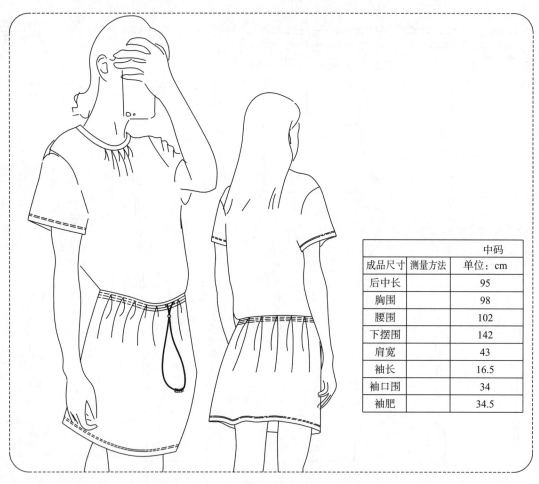

成品尺寸	测量方法	中码
		单位：cm
后中长		95
胸围		98
腰围		102
下摆围		142
肩宽		43
袖长		16.5
袖口围		34
袖肥		34.5

图 17-1

　　结构图见图 17-2。
　　全部的裁片见图 17-3。

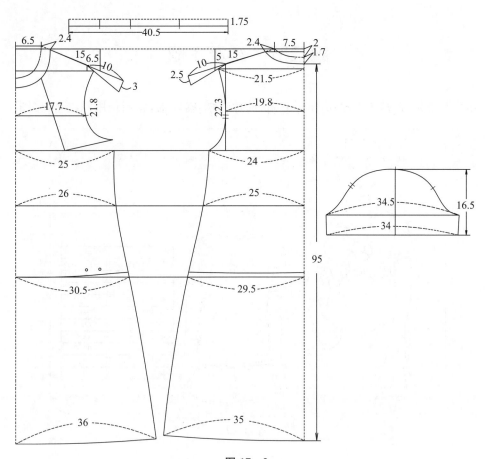

图 17－2

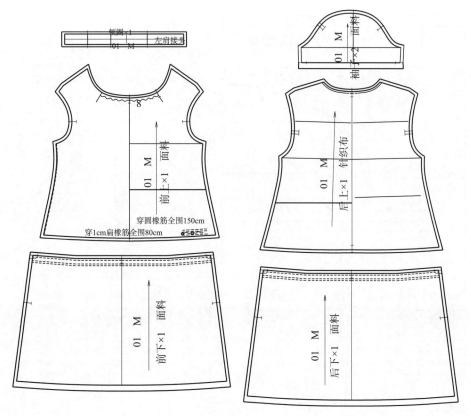

图 17－3

第二节　绣花 T 恤

款式特征和绘图要领：此款为宽松型绣花 T 恤，前片有绣花，短袖，领圈条用罗纹布，见图 17 - 4。

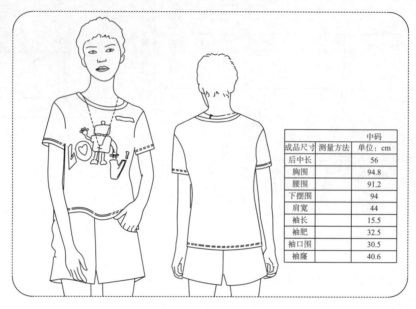

成品尺寸	测量方法	中码 单位：cm
后中长		56
胸围		94.8
腰围		91.2
下摆围		94
肩宽		44
袖长		15.5
袖肥		32.5
袖口围		30.5
袖隆		40.6

图 17 - 4

结构图见图 17 - 5。

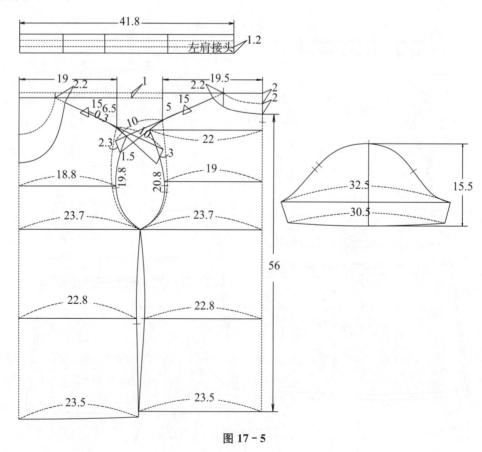

图 17 - 5

全部的裁片见图 17 – 6。

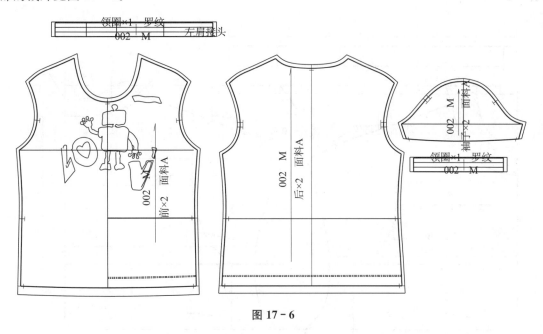

图 17 – 6

第三节　落肩超短卫衣

款式特征和绘图要领：此款宽松型落肩超短卫衣，衣长比较短，前后有贴花，领子、袖口和下摆为配色罗纹，见图 17 – 7。

成品尺寸	测量方法	中码
		单位：cm
后中长		50.5
胸围		128
下摆围	（罗纹放松）	98
袖长		33.5
袖口围	（罗纹放松）	27.5
袖肥		49

图 17 – 7

结构图见图 17－8。

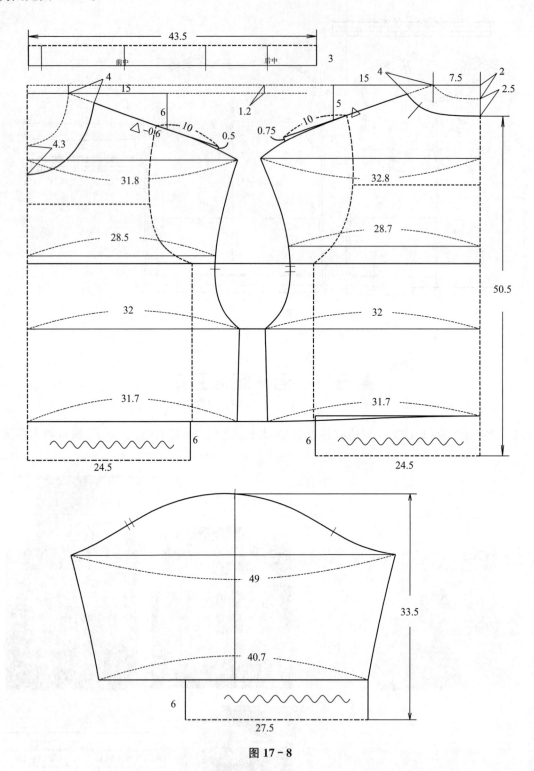

图 17－8

全部的裁片见图 17－9。

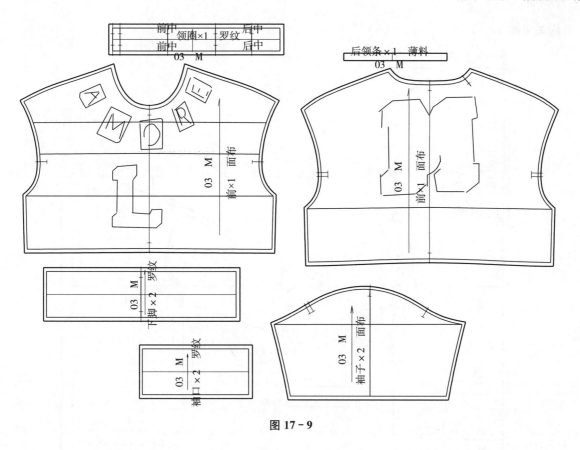

图 17 - 9

第四节　有帽落肩宽松卫衣

款式特征和绘图要领：此款宽松型有帽落肩宽松卫衣袖子比较长，下摆和袖口用罗纹，帽子穿圆形鞋带，有金属头，帽子前中右盖左，见图 17 - 10。

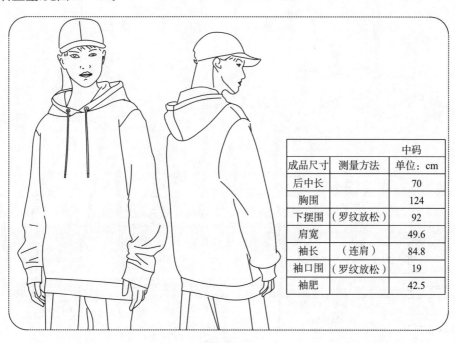

	中码	
成品尺寸	测量方法	单位：cm
后中长		70
胸围		124
下摆围	（罗纹放松）	92
肩宽		49.6
袖长	（连肩）	84.8
袖口围	（罗纹放松）	19
袖肥		42.5

图 17 - 10

结构图见图 17 - 11。

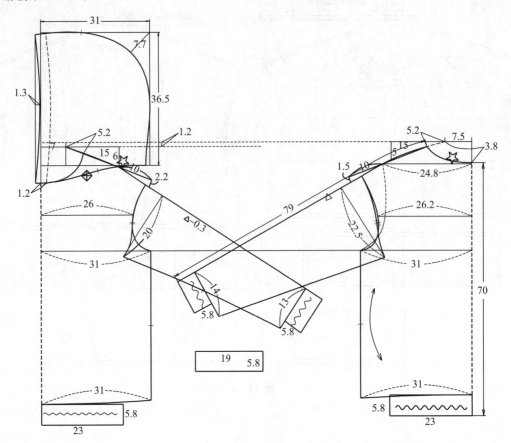

图 17 - 11

全部的裁片见图 17 - 12。

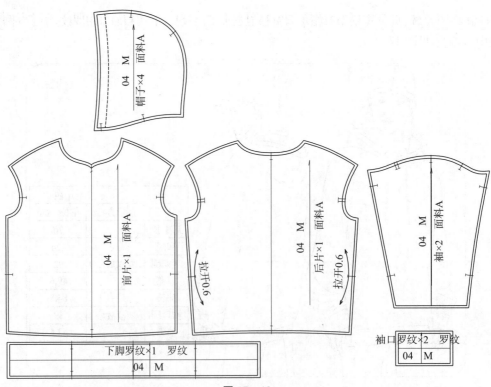

图 17 - 12

第五节　落肩宽松夹克

款式特征和绘图要领:此款落肩宽松夹克衫有前袋,后中剖缝,领子、下摆和袖口用罗纹,见图17-13。

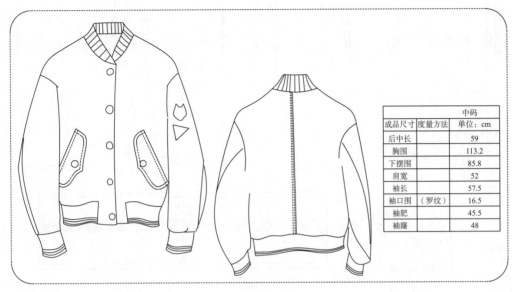

成品尺寸	度量方法	中码
		单位:cm
后中长		59
胸围		113.2
下摆围		85.8
肩宽		52
袖长		57.5
袖口围	(罗纹)	16.5
袖肥		45.5
袖隆		48

图 17 - 13

结构图见图17-14。

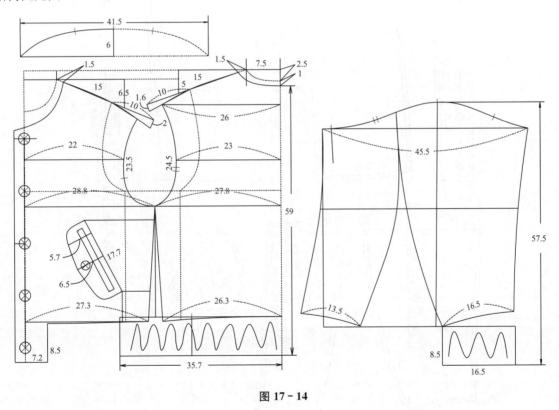

图 17 - 14

全部的裁片见图17-15。

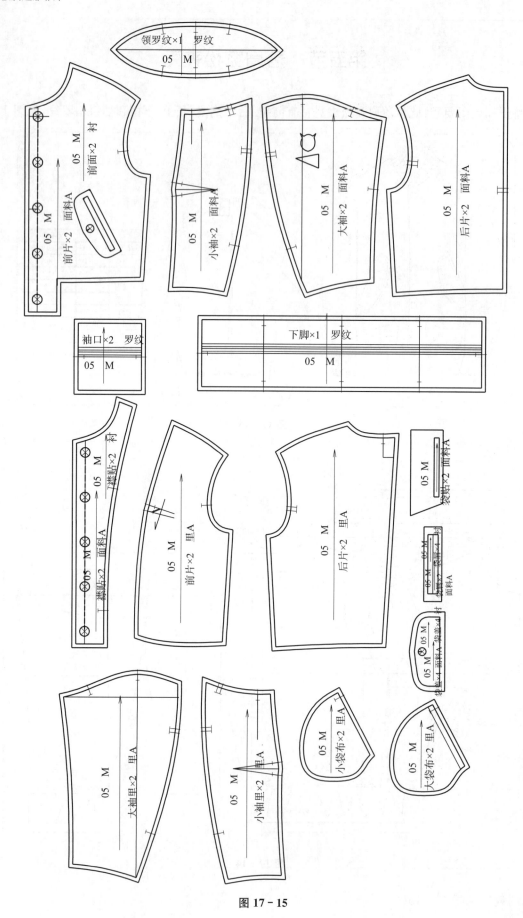

图 17 - 15

第六节 欧根纱+丝绒落肩上衣

款式特征和绘图要领:此款上衣前后育克和袖山用欧根纱,下半身用丝绒布料,后下摆比前下摆稍长一些,暗门襟,见图17-16。

图17-16

	中码	
成品尺寸	度量方法	单位: cm
后中长		70.5
胸围		92
下摆围		96
肩宽		47.2
袖长		60.5
袖口围	(扣合)	20
袖肥		32.5
袖窿		42

结构图见图17-17。

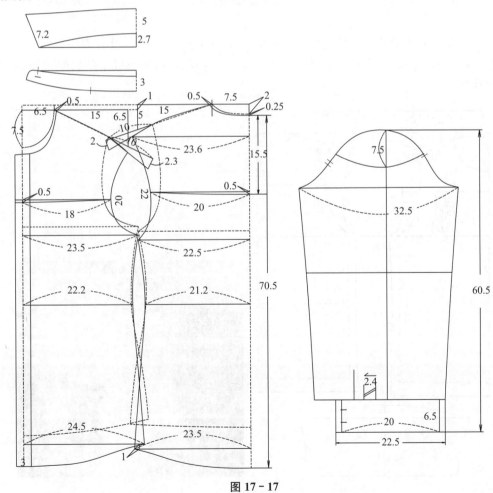

图 17-17

全部的裁片见图 17-18。

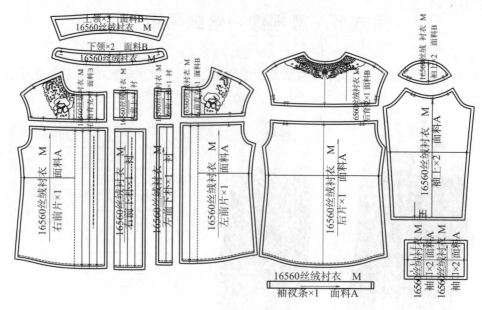

图 17-18

小结

通过以上几款落肩结构的款式对比,我们可以看到,落肩的角度其实并没有固定数值。例如图 17-19 中的这款宽松 T 恤,把肩缝延长了 6cm,胸围也适当加大了,穿着后,自然形成了落肩的效果,并不需要把肩缝画成弧形的形状。

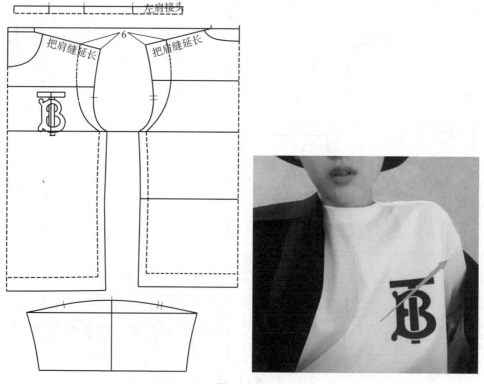

图 17-19

下面两款落肩结构的落肩角度比较大。在实际工作中,处理落肩结构可以根据实际情况,参考实例中的数值不断调整,不断尝试,以便找到最佳效果,见图17－20、图17－21。

图 17－20

图 17－21

第十八章　牛仔款式实例

第一节　牛仔短裤

款式特征和绘图要领：此款前片有圆形口袋和右表袋，腰有裤襻，钉暗扣，后片有后育克和后袋，见图18-1。

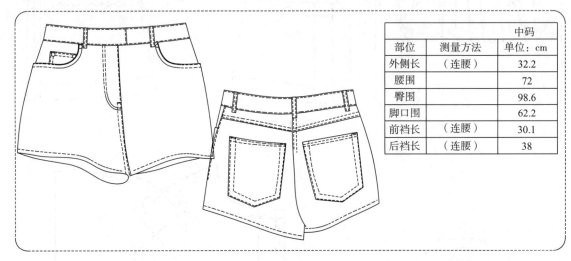

		中码
部位	测量方法	单位：cm
外侧长	（连腰）	32.2
腰围		72
臀围		98.6
脚口围		62.2
前裆长	（连腰）	30.1
后裆长	（连腰）	38

图 18-1

结构图见图18-2。

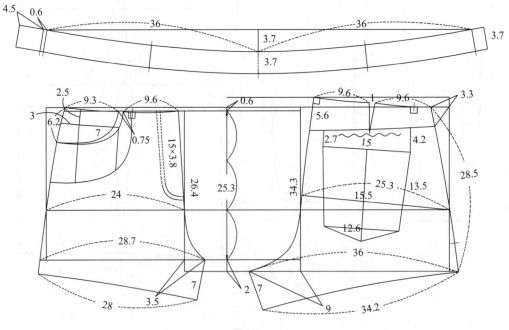

图 18-2

全部的裁片见图 18－3。

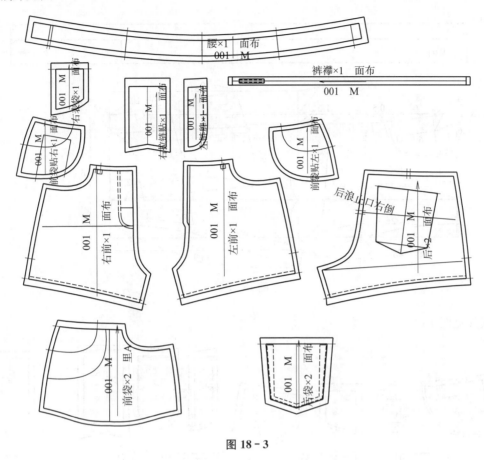

图 18 - 3

第二节　超短牛仔散口短裤

款式特征和绘图要领:此款为超短型短裤,前口袋布露在外面,前片有圆形口袋,开布扣眼,下脚口通过洗水变成毛边,见图18－4。

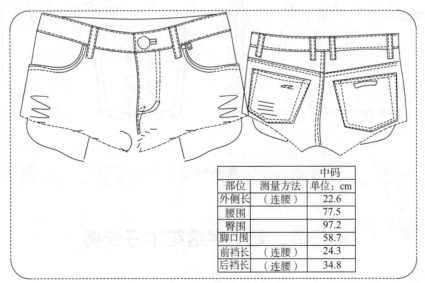

	中码	
部位	测量方法	单位: cm
外侧长	（连腰）	22.6
腰围		77.5
臀围		97.2
脚口围		58.7
前裆长	（连腰）	24.3
后裆长	（连腰）	34.8

图 18 - 4

结构图见图 18-5。

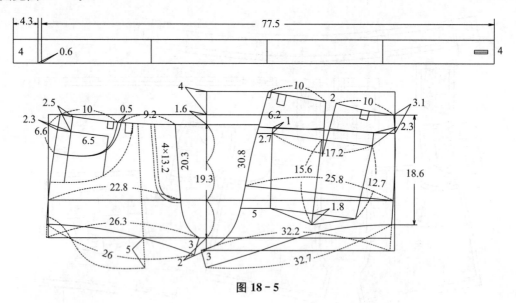

图 18-5

全部的裁片见图 18-6。

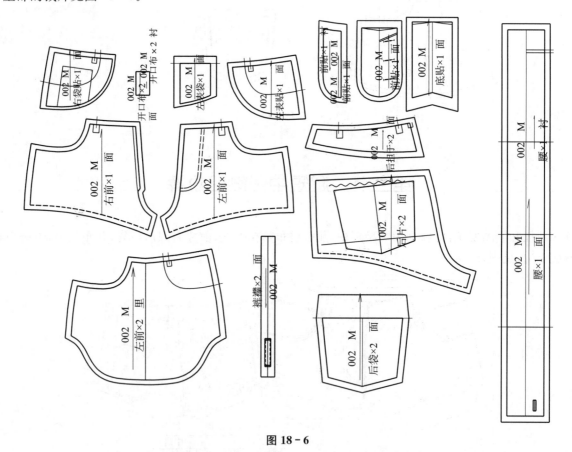

图 18-6

第三节　贴十字绣花牛仔长裤

款式特征和绘图要领：此款面料有弹性，前片有圆形口袋和右表袋，前左侧有十字绣图案，后右袋有虎头绣花图案,见图 18-7。

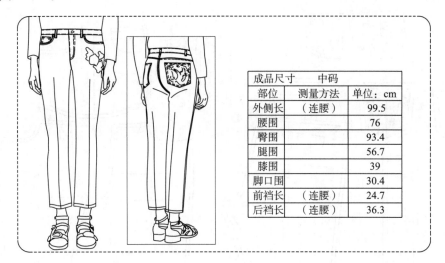

成品尺寸	中码	
部位	测量方法	单位:cm
外侧长	(连腰)	99.5
腰围		76
臀围		93.4
腿围		56.7
膝围		39
脚口围		30.4
前裆长	(连腰)	24.7
后裆长	(连腰)	36.3

图 18-7

结构图见图 18-8。

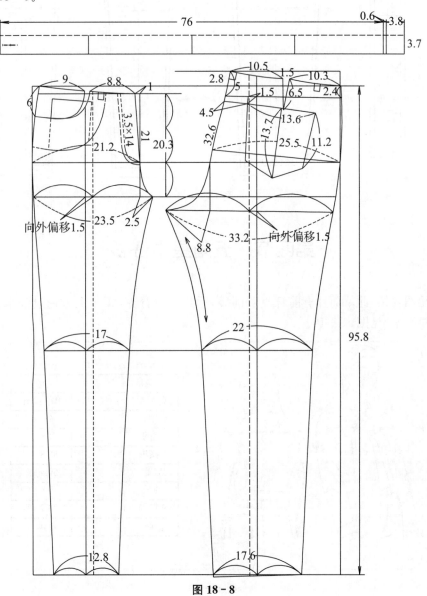

图 18-8

全部的裁片见图18-9。

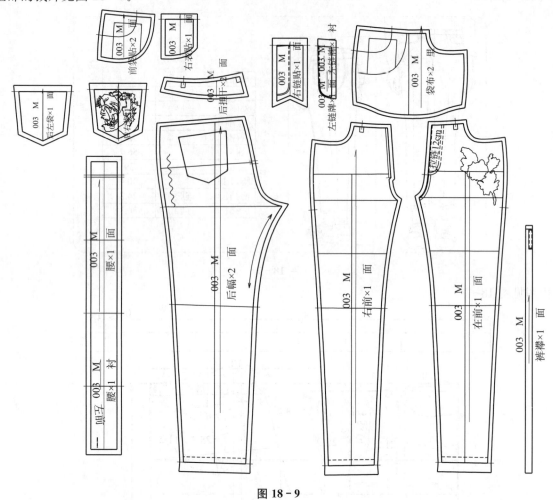

图 18-9

第四节　五角星牛仔衫

款式特征和绘图要领：此款前片有前育克和前袋，后片有后育克，领子上方通过洗水变成毛边，袖子通过洗水产生五角星图案，见图18-10。

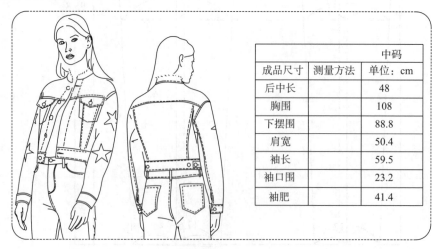

		中码
成品尺寸	测量方法	单位：cm
后中长		48
胸围		108
下摆围		88.8
肩宽		50.4
袖长		59.5
袖口围		23.2
袖肥		41.4

图 18-10

结构图见图18-11。

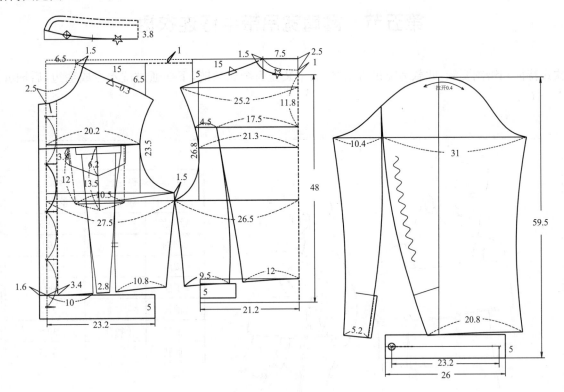

图 18-11

全部的裁片见图18-12。

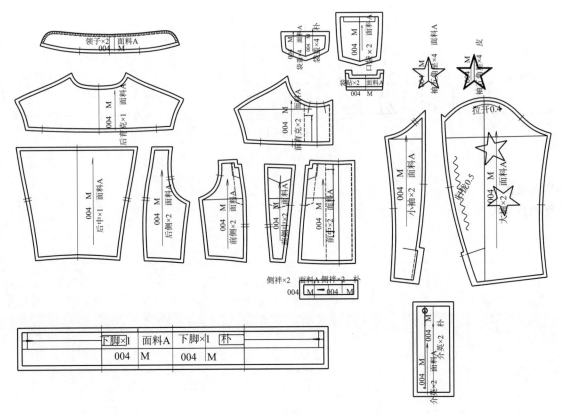

图 18-12

第五节　露肩宽吊带牛仔连衣裙

款式特征和绘图要领：此款为宽吊带结构，后中装盖齿金属拉链，下摆通过洗水变成毛边，后袖缝开衩，见图18－13。

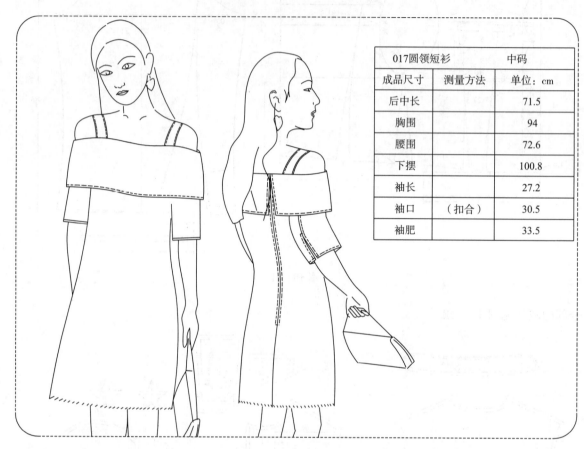

017圆领短衫		中码
成品尺寸	测量方法	单位：cm
后中长		71.5
胸围		94
腰围		72.6
下摆		100.8
袖长		27.2
袖口	（扣合）	30.5
袖肥		33.5

图 18－13

结构图见图18－14。
全部的裁片见图18－15。

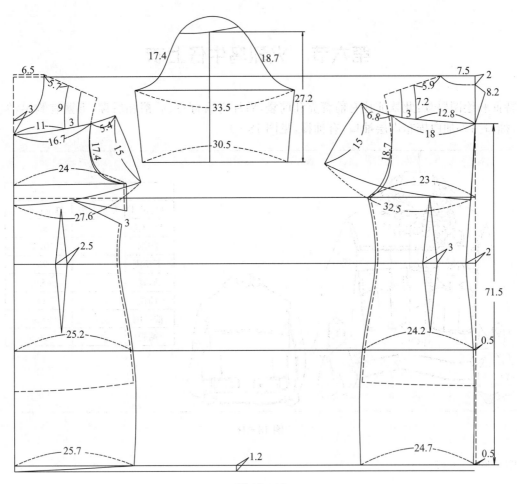

图 18－14

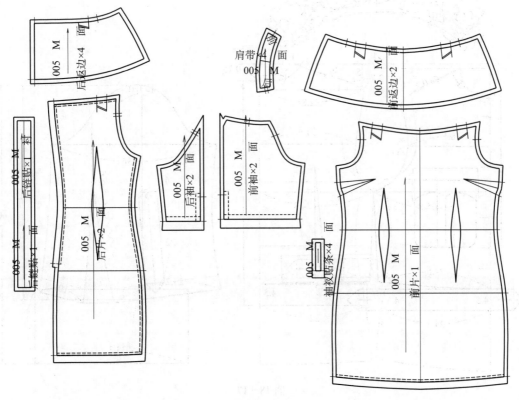

图 18－15

第六节　火烈鸟牛仔上衣

款式特征和绘图要领：此款前片有前育克和前袋，后片有后育克、后褶和后襻，下摆有侧襻，领子外加一层水溶花，袖口另外加白棉布内层袖口，有袖襻，见图18-16。

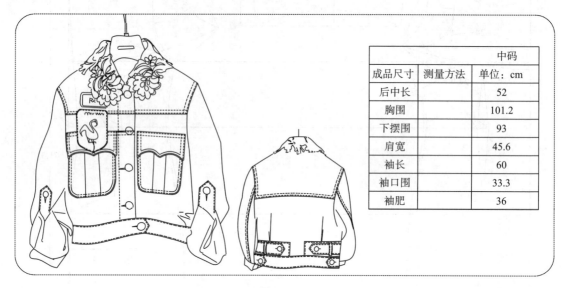

		中码
成品尺寸	测量方法	单位：cm
后中长		52
胸围		101.2
下摆围		93
肩宽		45.6
袖长		60
袖口围		33.3
袖肥		36

图 18-16

结构图见图18-17。

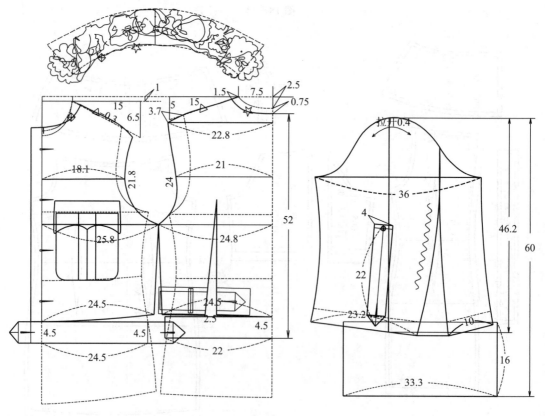

图 18-17

全部的裁片见图 18－18。

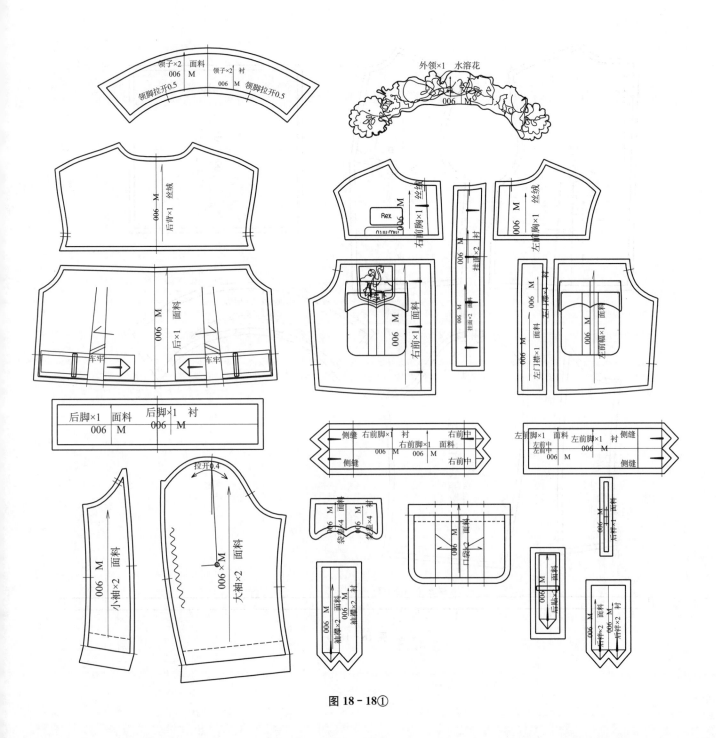

图 18－18①

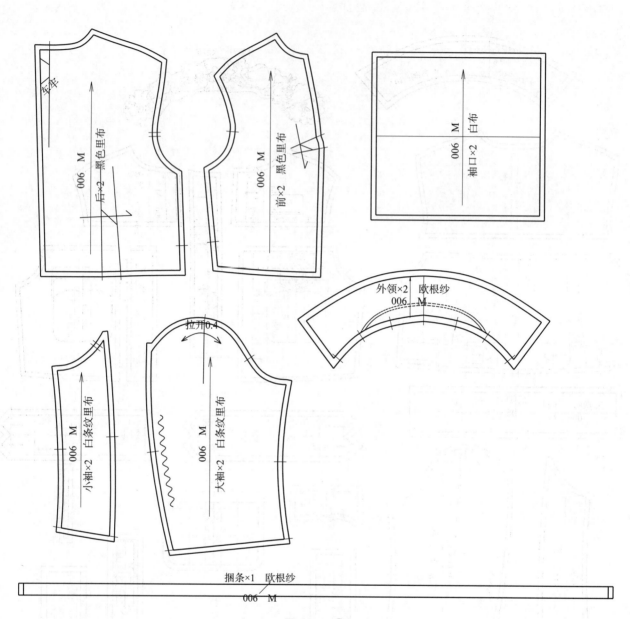

图 18 - 18②

后 记

本书中的一些内容可能会引起争议,这是在意料之中的,因为当前服装打板制板技术类书籍大多数都是罗列基本款的结构和图例,只见旧貌,不见新颜,只见旧略,不见新韬,本书提出了一系列令人耳目一新的全新内容,由于新的观点刚出现的时候总是有所偏颇,有所欠缺的,我们在面对新的观点,新的技术,新的领域的时候,既不要盲目膜拜,也不要一味地责备求全,最理智最开明的态度就是在实际工作中进行验证,只有立足于实用的技术才有价值。

期待来自各方的意见和不同视角的探讨。

由于作者正在构思和编写新书,时间比较紧凑,读者朋友如果有所疑问,或者在工作中遇到问题,都可以集中整理后,发送至作者 QQ。作者将在合适的时间为大家统一答复。不能及时回复时,请大家谅解。

QQ:1261561924
电子邮箱:baoweibing88@163.com

感谢大家对我的关注,祝安好!